湖南科技大学学术著作出版基金资助

中国博士后科学基金面上资助项目（No.2015M582327）

湖南省哲学社会科学基金项目（No.14JD22）

基于用户需求的可信软件
质量属性评价理论与方法研究

Research on Trustworthy Software
Quality Attributes' Evaluation Theories and
Methods based on User Requirements

文杏梓／著

U0353030

中国经济出版社
CHINA ECONOMIC PUBLISHING HOUSE
北 京

图书在版编目（CIP）数据

基于用户需求的可信软件质量属性评价理论与方法研究／文杏梓著.
北京：中国经济出版社，2017.10（2024.6 重印）
ISBN 978-7-5136-4733-5

Ⅰ.①基… Ⅱ.①文… Ⅲ.①软件质量—评价—研究 Ⅳ.①TP311.5

中国版本图书馆 CIP 数据核字（2017）第 128916 号

责任编辑　孙晓霞
责任印制　马小宾
封面设计　华子图文

出版发行　中国经济出版社
印　刷　者　三河市金兆印刷装订有限公司
经　销　者　各地新华书店
开　　本　710mm×1000mm　1/16
印　　张　13.25
字　　数　150 千字
版　　次　2017 年 10 月第 1 版
印　　次　2024 年 6 月第 2 次
定　　价　69.80 元

广告经营许可证　京西工商广字第 8179 号

中国经济出版社 网址 http://epc.sinopec.com/epc/ 社址 北京市东城区安定门外大街 58 号 邮编 100011
本版图书如存在印装质量问题，请与本社销售中心联系调换（联系电话：010 - 57512564）

前　言

随着计算机与网络技术的发展，软件不仅运用于航空航天、武装设备、交通、核能等安全攸关领域，而且普遍应用于人们的经济生活。然而，随着人们需求的不断增加，软件系统的规模和设计复杂性都急剧提高，且软件系统始终处在动态、开放的环境中，系统行为的不可控性和不确定性，使得软件面临可信性问题的重大挑战。

由于软件失效引发的事故甚至灾难不胜枚举。如，1996 年，由于火箭控制系统软件故障，导致"阿丽亚娜（Ariane）5 型"火箭发射失败，造成大约 5 亿美元的直接经济损失，且其耗资 80 亿美元的开发计划延迟了整整三年；2004 年 9 月，由于航空管理软件系统的时钟管理模块缺陷，美国 Los Angeles 国际机场 400 多架飞机与机场中心指挥控制系统失去联系，数万名旅客的生命危在旦夕；2005 年 11 月至 2006 年 1 月的三个月内，日本东京证券交易所或由于软件升级出现系统故障，或由于突发交易量大幅增加超过系统处理能力，东京证券交易所被迫两次全面停止股票交易；2007 年，由于没有考虑用户的高需求、网站前期的测试工作不到位，北京奥运会门票销售系统刚刚投入运行就陷入瘫痪；2014 年 2 月，滴滴打车软件由于短期流量剧增，导致服务器不稳定，软件出现拥堵，给市民出行带来了困扰；2014 年 2 月 28 日，世界上最大的比特币交易平台 MtGox 运营商宣布，因其交易系统软件 BUG 被黑客利用，价值超过 5 亿美元的 85 万个比特币被盗，该公司已向日本东京法院申请破产保护。

一次次的软件故障，严重威胁着人们的生命财产安全，引起了人类社会对高可信软件的渴望，发展高可信软件已经成为当前国际软件技术发展的战略制高点，引起了全世界的普遍关注。

国际组织 TCPA（Trusted Computing Platform Alliance）和 TCG（Trusted Computer Group）制定了关于可信计算平台、可信存储、可信网络连接、可信计算框架等一系列技术规范，致力于新一代具有安全、信任能力的计算平台的发展。美国计算研究协会 CRA（Computing Research Association）和美国国防部高级研究计划署 DARPA（Defense Advanced Research Projects Agency）都将高可信软件系统视为目前计算机研究领域必须应对的五大挑战之一。美国国家软件发展战略（2006—2015）将开发高可信软件放在首位。美国国家科学基金会 NSF（National Science Foundation）在可信软件领域投资 1.5 亿美元，为设计、构建和运行可信系统建立新的科学与技术基础，并与 IBM、SUN、微软、英特尔、惠普等 15 家跨国公司开展合作。欧洲于 2006 年启动了由 23 个科研机构和工业组织参与的"开放式可信计算"研究计划。德国科学研究基金委员会在奥尔登堡大学成立了可信软件研究院，旨在一个跨学科平台提升可信软件系统架构、评价、分析和认证。此外，德国研究联合会资助的 AVACS 项目、德国教育研究部资助的 Verisoft 项目都与可信软件相关。在中国，国家自然科学基金委员会于 2007 年联合信息学部、数学物理学部和管理学部共同启动"可信软件基础研究"重大研究计划，对可信软件的需求管理、可信软件的风险及过程管理、软件的可信性构造、可信环境的构造与评估、可信性验证与测试等方面进行资助，并在 2010 年、2011 年、2012 年和 2014 年四次发布该重大研究计划项目指南，进一步确定了"可信软件"这个研究计划的重要性及意义。国家高技术研究发展计划（863）中设立了专门的项目来研究高可信软件生产工具和集成环境。国家重点基础研究发展计划（973）将可信软件的研究置于重要地位，研究基于网络的复杂软件的可信度和服务质量。

近年来，可信软件已经渗透到国民经济乃至国防建设的各个领域，成为影响人们生产、生活的重要组成部分。在学术研究领域，国内外学者对其研究取得了丰硕的成果。自 2007 年 1 月到 2017 年 7 月，以美国、中国、英国和意大利为代表的 32 个国家的研究者在 SCI、SCIE、SSCI 来源期刊发表高质量学术论文 500 余篇，极大促进了可信软件基础研究的发展。

通过仔细查阅相关文献发现：基于多维质量属性的可信软件评价是实现软件可信、开展可信软件管理的核心基础，也是可信软件开发管理过程中急需解决的问题之一。然而，目前绝大部分软件质量属性的研究都是基于软件设计、开发者的视角，而忽视了软件用户在使用过程中的客观实践及主观感受。因此，基于用户需求的可信软件质量属性评价理论与方法的研究，具有重要的理论价值和现实意义。本书研究内容主要包括以下 8 个部分。

第一章是可信软件质量属性研究概述。本章主要概括了可信软件的研究背景、研究内容和研究意义。系统阐述可信软件质量属性评价的研究内容、研究方法及本书的研究思路。这是本书的总起概括章节。

第二章是相关理论及文献综述。本章主要概括了可信软件、软件质量属性的界定及其国内外的研究现状。介绍并评价 McCall 质量模型、Boehm 模型、软件能力成熟度模型、FURPS/FURPS+模型、Dromey 质量模型、ISO/IEC9126 模型、软件可信属性模型，7 个经典的软件质量模型。并阐述了软件质量度量的发展、分类、方法和过程。

第三章是可信软件质量属性评价方法与建模。本章主要阐述了可信软件质量属性评价常用方法：层次分析法和模糊综合评判法。研究认为软件质量属性评价应用可以被划分为多个相互独立的任务，采用体系结构的方法可以建立可信软件质量属性评价应用系统模型，并提出了相应的设计框架。

第四章是基于用户需求的可信软件质量属性的生成。可信软件质量属性指标体系的产生是软件质量属性评价的基础，也是评价过程中关键性环节。针对用户对软件质量属性的需求及可信软件的特性，本章介绍了用户需求的表达及其本体生成、匹配方法，并将可信软件质量属性分成关键属性与非关键属性两大类。在此基础上，采用层层分解的方法构建可信软件质量属性证据模型、评估体系，形成满足用户需求的可信软件质量属性评价指标体系。该评价指标体系既能满足软件开发者规范软件质量属性体系结构，又能结合软件具体应用领域、运行环境及软件使用者的不同需求，为后续软件质量属性评价方法的研究奠定了基础。

第五章是基于一致性评判的可信软件质量属性评价方法研究。针对可信软件的某些质量属性不可直接测量、质量属性之间不具备可比性且测量标准不统一等问题。本章首先研究了软件质量属性之间的相互关系及这种关系的表达方式。通过设计结构矩阵、矩阵转换、矩阵运算来解决上述问题并间接度量软件质量属性。同时，由于可信软件运行环境的不同，不同的人对于质量属性有着不同的视角、解释和判断标准，在很大程度上人们没有办法达成一致的评判准则。针对这个问题，本章通过上述间接度量模型构建一致性、满意度和贴近度三个评价指标，以确定软件设计开发者和软件用户对于软件质量属性评判的一致性程度，并结合文献资料设计评判准则，帮助他们做出合理的决策。最后，通过一个应用实例，验证了本章提出方法的可行性及有效性。与其他方法相比，这种方法完全依赖于软件质量属性之间的相互关系，是一种间接的、客观的、具有统一标准和评价尺度的、考虑软件使用者和开发者一致性评价的方法。

第六章是基于前景理论的可信软件质量属性评价方法研究。现今绝大部分评价方法所假设的一个基本前提是评价者是完全理性的。但实际上由于软件运行环境的复杂不确定、评价者在评价过程中固有的主观偏好及风险性等实际问题，使得评价结果并不是完全科学、可靠的。针对这些问题，本章引入前景理论以描述、表达在复杂不确定环境下评价者的有限理性。通过阐述前景理论的提出背景及发展应用，重点论述了梯形模糊数的前景价值函数，构建一个基于前景理论的软件质量属性评价模型，在"框架"内，通过正负理想参考方案的选择、信息的处理、综合前景值的确定、比较，来判断软件质量属性的优劣。并通过第五章的应用实例验证本方法的有效性及实践性。同时，考虑在评估过程中，评价者有限理性及其变化对可信软件质量属性评价结果的影响，进行对比分析，结果表明本章提出的评价方法更加严谨、科学。本章所提出的评价方法是一种直接的、考虑评价者有限理性的研究方法。

第七章是基于元胞自动机的可信软件质量属性动态评价方法研究。在第五章介绍可信软件质量属性间接评价方法、第六章提出可信软件质量属性直接评价方法的基础上，本章节研究的是一种动态的、考虑软件在受到干扰的环境下，其质量属性评价值是否发生变化、如何变化、软件是否总是可信的方法。软件系统是一个动态的系统，它总是在不断的发展、演变中，在受到干扰时，人们总是期望它能保持原来的状态，但实际上这并非总是可能的。系统运行状态的变化，必然导致系统内部能量的变化，本章创新地借助于物理学"熵"的概念来描述、表达这个现象，并详细分析了复杂系统内部能量的变化及可信性的传递过程。针对软件状态的变化是一个时间、空间完全离散的，且后一个状态受前一个状态影响的特征，结合元胞自动机的相关机理，对软件质量属性在受到干扰后的评价值进行了仿真模拟。研究结果表明：对于一个复杂系统，在受到干扰的情况下，软件系统质量属性评价值是逐步下降并逐渐趋于稳定的；持续干扰必然导致系统只有少数几个状态最终被用户信任。由此可知，干扰，尤其是持续干扰，对系统的影响是巨大的，并最终可能导致整个系统变得不可信。

本书系统的对可信软件、可信软件质量属性、评价理论与方法进行了梳理与补充。基于管理学的逻辑思想体系，从软件用户需求的视角，对可信软件质量属性进行间接、直接、动态的全面评价，并通过实验验证了本书评价理论与方法的可行性、有效性，以期有利于软件用户对可信软件质量属性进行客观评价，也有利于为软件设计者在设计过程中更多的考虑用户需求提供客观依据。本书的研究有利于丰富可信软件质量属性评价理论与方法，也为推动我国可信软件产业的发展做出贡献。

本书系笔者文杏梓博士 8 年来研究成果的一个总结，也是中国博士后科学基金面上资助项目"软件产业虚拟集群网络运行机制与信任演化模型研究"（No. 2015M582327）、湖南省哲学社会科学基金项目（No. 14JD22）的阶段性研究成果。

在笔者的研究过程中，有幸得到上海交通大学、中南大学、湖南大学、天津大学、湖南科技大学各位专家学者的鼎立支持与帮助。"落其实思其树，饮其流怀其源"，借此片纸，聊表谢忱！

才疏学浅，敬请读者批评斧正！

笔　者

2017 年 10 月 1 日

目　录

第一章　可信软件质量属性研究概述

　　"可信软件基础研究"重大研究计划于 2007 年底正式启动到 2017 年已经有整整 10 个年头了。作为国家自然科学基金委员会 "十一五""十二五"期间启动的重大研究计划之一，国家自然科学基金委员会于 2008~2012 年、2014 年共计 6 次发布了重大研究计划指南（2009 年是国家科学技术部 863 计划发布的"高可信软件生成及集成环境"重点项目指南）。该计划得到了信息科学部、数学物理科学部和管理科学部联合组织与实施。至今，已资助"培育项目" 73 项，"重点支持项目" 18 项和"集成项目" 5 项，累计资助经费超过 2 亿元①。

　　"可信软件基础研究"重大研究计划的启动实施，是我国软件基础研究领域的一件大事，对于应对软件发展的重要科学挑战，推动我国软件基础理论的探索与创新，促进国家软件产业及相关应用领域的发展，提高我国在可信软件领域的原始创新能力和国际影响力，为国家相关重大计划和工程的可信软件研发提供科学支撑，培养一批高水平的研究人才，都具有深远的意义[1]。

---

　　① http：//www.nsfc.gov.cn/.

1.1 可信软件的提出

现如今，以终端设备、网络技术和软件应用为基础的金融交易、工业制造、交通运输、移动商务、电子政务等各种嵌入式控制系统已经渗透到人们生产、生活的方方面面。软件已经成为人们日常工作与生活的一个重要组成部分。但随着软件系统的规模日益庞大，加之当前软件开发和运行环境的开放性、动态性、多变性，使得高质量的软件产品越来越难以产生。

据 Standish Group Chaos 公布的软件开发项目统计数据显示：1994 年全美 31.1% 软件开发项目是完全失败的，52.7% 的软件项目由于超过预算、延期，或不能满足用户需求而受到质疑，仅仅只有16.2% 的软件项目被认为是成功的。到 2008 年该报告显示：软件项目成功的比例上升到 32%，完全失败的比例为 24%，而受到质疑的项目下降到 44%。尽管这些数据是让人欣慰的，但 68% 的软件产品是受到质疑或失败的事实表明：开发高质量的软件产品仍然存在很大的提升空间[2]。此外，即便软件项目开发成功，很多软件产品在推出时就含有很多已知或未知的缺陷，已经成了不争的事实。而人们对于软件的依赖加重或恶化了软件错误/失败的结果，导致其发生故障、失效后，造成的各种灾难性事件层出不穷[1~9]：

1992 年，英国伦敦的医疗救护派遣系统彻底崩溃，导致多名患者因延误抢救时机而失去宝贵的生命；

1996 年，欧洲航天局的火箭控制系统软件故障，导致其首次发射的"阿丽亚娜（Ariane）5 型"火箭失败，造成大约 5 亿美元的直接经济损失，且其耗资 80 亿美元的开发计划延迟了整整三年；

2002 年，黑客成功入侵澳大利亚墨尔本的 Transurban City Llik 电子付费系统，并通过网络窃取了超过 50 万用户的信用卡信息；

2003 年，由于分布式计算机系统试图同时访问同一数据资源，导致控制全美 80% 以上电力资源的电力检测与控制管理系统失效，造成美国东北部大面积停电，其经济损失超过 60 亿美元；

2004 年，德国社会服务系统软件（A2LL）由于调整失业补助账户位数错误，导致银行不能将失业补助及时支付给数千失业者；

2004 年 9 月，由于航空管理软件系统的时钟管理模块缺陷，美国 Los Angeles 国际机场 400 多架飞机与机场中心指挥控制系统失去联系，数万名旅客的生命危在旦夕；

2005 年 11 月至 2006 年 1 月的三个月内，日本东京证券交易所或由于软件升级出现系统故障，或由于突发交易量大幅增加超过系统处理能力，东京证券交易所被迫两次全面停止股票交易；

2007 年，由于网站系统设计不合理，没有考虑用户的高需求，网站前期的测试工作不到位，北京奥运会门票销售系统刚刚投入运行就陷入了瘫痪；

2014 年 2 月，一直深受中国打车一族喜爱的、由深圳腾讯公司开发的滴滴打车软件由于短期内流量剧增，导致服务器不稳定，软件出现拥堵，给广大市民的出行带来了不少的困扰；

2014 年 2 月 28 日，世界上最大的比特币交易平台 Mt. Gox 运营商宣布，因其系统存在漏洞，其平台比特币被盗一空，已向日本东京地方法院申请破产保护。

一次次的软件故障，严重威胁着人们的生命财产安全，引起了人类社会对高可信软件的渴望，软件可信性问题已经成为国际社会普遍关注的问题，研究如何确保软件的高可信性质、对可信软件质量属性进行评价及预测、设计合理的软件系统满足用户的需求等一系列问题，具有重大的理论及现实意义。

目前，可信软件的研究已引起了各国政府、大型科研机构及跨国公司的高度重视。

在美国 National Development Strategy for Software（2006~2015）中，将开发高可信软件放在首位。美国政府的"网络与信息技术研究发展计划（Network Information Technology Research Development, NITRD）"是美国最重要的信息技术研究计划之一，在其 2006 年的 8 个重点领域中，与"可信软件"密切相关的重点领域就多达 4 个。此外，在高可信软件与系统领域，"信任：设计与建设具有多安全层次的系统"已经成为 2010 年 NITRD 战略规划的重点领域之一，其包括可信赖的系统、使数字世界更可信、信息保证与共享、网络空间的无忧生活、安全与隐私的平衡五个具体问题①。美国国家科学基金会（National Science Foundation, NSF）在 2006~2008 年三年期间，在可信软件研究领域拟投入 1.52 亿美元[9]，并在加州大学伯克利分校成立了科学与技术研究中心，其目标是为设计、构建和运行可信系统建立新的科学与技术基础[1]，该中心由 8 所大学参与，并与 IBM、SUN、微软、英特尔、惠普等 15 家跨国公司开展合作。同时，美国很多国家机构，如国家航空航天局、国防高级研究规划局、国土安全与卫生研究所、食品和药物管理局、国家科学院、国家标准技术研究院等都积极参与可信软件系统的开发和研究，并与国家科学技术委员会共同合作，先后形成一系列的研究报告[10]。

----

① http://blog.sina.com.cn/s/blog_ 54e031af0100kp6o.html.

在德国，德国科学研究基金委员会在奥尔登堡大学成立了可信软件研究院（TrustSoft Graduate School），其资助的 TrustSoft（Trustworthy Software System）计划确定了从 2005~2014 年历时 9 年的相关研究。这个计划旨在一个跨学科平台提升可信软件系统架构、评价/分析和认证[11]。在德国达姆施塔特大学的计算机科学和工程系，由其数据库和分布式系统组（Databases and Distributed Systems Group）负责的一项重要计划——"可信计划（Trusted Project）"，主要研究与可信式分布系统相关的若干问题，并在软件可信计算领域取得了丰硕的研究成果。此外，德国研究联合会（DFG）资助的 AVACS 项目、德国教育研究部资助的 Verisoft 项目都与可信软件相关。

2007 年底，中国国家自然科学基金委联合信息学部、数学物理学部和管理学部共同启动"可信软件基础研究"重大研究计划[12]，对可信软件的需求管理、可信软件的风险及过程管理、软件的可信性构造、可信环境的构造与评估、可信性验证与测试等方面进行资助，并从 2008~2015 年总计 6 次发布该重大研究计划项目指南，进一步确定了"可信软件"这个研究计划的重要性及意义。

此外，可信软件研究的重大价值和应用前景，也促使了包括日本、芬兰、英国、新加坡等其他发达国家政府，IBM、Microsoft、Intel 等跨国公司、大型科研机构结合他们自身的应用背景和优势资源，推出与可信软件相关的研究计划。

1.2　可信软件研究的科学与现实意义

目前，世界各国均以可信软件及其相关研究为软件发展战略，旨在关键应用领域中提高软件可信性，分析、研究和解决相关科学问题，并在嵌入式软件和网络应用软件中展开应用。就我国而言，可信软件项目的实施，为提高国家重大工程中的软件可信度提供科学支撑与实践。

（1）可信软件的研究有利于推动软件基础理论的探索与创新

早期开发软件的首要目标是在效率和成本优先的前提下构造出功能正确的系统。对于可信任性、可用性、安全性等问题的考虑相对较少，尤其在软件构造理论与方法、构造过程、体系结构、运行环境等方面，没有建立相应的可信支撑机制，使得软件在规模增大、环境变化后，可信性问题越来越突出，具体表现为软件项目开发成本增加但隐含的缺陷、错误不断；软件行为预测困难；软件失效代价增加。

仅仅依靠单一的正确性属性已无法完成对软件这一复杂对象的刻画，随着软件自身变得越来越复杂，软件各种属性之间相互关联和影响也不断增大。在封闭、静态环境下发展起来的以正确性为核心的软件理论、方法、技术和机制，已经不足以构造出适应开放、动态、多变环境的软件系统。其局限性主要表现为：软件开发过程缺乏基础理论的有效支持；用户需求与软件构造难以直接映射；软件功能和性能的确认与验证自动化水平低下；软件的测试缺乏相应的数据及用例集；软件的动态容错和演化缺乏方法和运行方面的支撑等一系列问题。

显然，这种传统的"面向正确性的软件理论+工程化"模式已经不能适应现代软件系统的特点。软件基础理论正处于一个转型期——转向以软件可信性度量为基础，全面考虑软件需求分析、建模、生成、测试验证、维护和演化等阶段和运行支持等方面的可信问题。

因此，对可信软件进行系统而深入的研究，将有利于在新的需求和环境下，促进软件理论、方法和技术的源头创新，带动信息科学、数理科学、管理科学的交叉和共进。

（2）可信软件的研究有助于应对软件发展的重要科学挑战

可信软件研究计划将着力探索和建立可信软件系统并验证其可信度，积极应对当今软件发展历程中所面临的复杂性、开放性和演化性等一系列重要挑战。

挑战之一：复杂性

正如 Booch G. 所指出的[13]："软件的复杂性是一个基本特征，而不是偶然如此。"这种固有的复杂性是由问题域的复杂性、管理开发过程的困难性、软件可能实现的灵活性，以及刻画离散系统行为的问题四个方面表现出来的。尤其是在现今动态、开放的网络环境下，软件系统的规模和复杂性，以及用于构建系统的构件及其互联的规模和复杂性都在增长。以嵌入式软件为例，2005 年奥迪 A8 的嵌入式代码达到了 90MB；空中客车 A380 在 400MB 的嵌入式软件支持下实现了约 100 个飞机功能；此外，A380 还包括了约 60 万个信号接口。为完成一个功能，嵌入式软件运行在分布式互连的嵌入式控制单元上。而 Internet 上软件系统的规模与复杂性更有过之。

挑战之二：开放性

网络已成为各种应用的重要平台，计算模式向"以网络为中心的环境和面向服务的体系结构"发展，软件的运行环境（包括网络环境、物理环境）不断开放和动态变化，使得软件构件在无监督下实现可信安全交互的需求日趋强烈。然而目前的理论、技术和管理储备均不足以应对开放性带来的挑战。例如，无线技术的广泛应用可能会给网络引入恶意或劣质的构件；开源软件与专有软件的开发方式显著不同，开源软件的大量引入对传统的软件质量提出了挑战；不同类型的软件构件（包括 COTS、GOTS 和定制软件，开源软件和专有软件等）组成的软件系统的行为如何把握也成为一个难题。

除此之外，软件需求工程面对的问题也是开放的，可以说几乎是没有范围的，这些问题的解决无疑与各个应用行业的特征密切相关。就主观方面而言，解决需求工程的问题需要方方面面人员的参与，他们有不同的视野和不同的知识背景，沟通和协调上的困难会给软件需求工程的实施带来人为的难度。

挑战之三：演化性

随着软件需求多变性的发展，新技术、新功能的演变与拓展以及人们对软件生存性的要求，使得软件的开发已经不可能一蹴而就，而是很有可能贯穿软件的整个生命周期。

基于可信软件的生命周期模型，可信软件的演化活动划分为软件开发阶段的软件版本演化、软件分享阶段的资源演化和软件应用阶段的运行演化。给定某一特定软件，一个演化的版本可能产生多个演化的资源，一个演化的资源可能产生多个演化的运行实例。同时，软件的不同演化活动存在复杂的相互影响和制约关系，任何一种演化活动的低效都可能对软件的发展造成严重影响。例如，版本演化是其他演化活动的原始推动力，不良的版本演化活动（如管理不善的软件项目）很可能导致软件的失败，或者促使形成新的版本演化活动（如开源环境下的软件项目的一个新分支可能比原始项目更成功）。而软件资源演化则需要关注软件证据数据的汇聚、分享和分析，并通过构建社区机制便于软件厂商和用户的参与。此外，软件运行演化的实例越多，其反馈给资源演化实例的可信证据就可能更加及时和充分，其版本演化活动就能更快地获得软件缺陷和潜在需求，从而做出快速修正和完善。在云计算技术的推动下，越来越多的软件开发商将原本在客户端运行的单机版软件以服务的形式通过网络提供给用户，从某种程度上实现上述三种演化活动的有机统一，这有助于提高软件演化活动的整体效率和质量。

不可否认的是，软件演化已经成为网络环境下大规模群体协同推动形成高质量软件的有效途径，但同时也给复杂的网络和自主软件构件带来了更多的复杂性。

（3）可信软件研究计划有助于促进我国软件产业的振兴与发展

近年来，我国软件产业得到了长足发展，但从整体上看，在世界上所处的地位仍然偏低，其发展仍处在发达国家和周边发展中国家的"夹缝"之中。我国软件产业对国民经济发展的贡献较小，其规模和发展速度均不能满足国家信息化建设的要求，国产软件所占份额有限，缺乏核心产品和关键技术，产业竞争力薄弱，难以与跨国公司抗衡。当前，我国经济的快速发展已经对新型软件（嵌入式软件和互联网服务型软件）提出大量需求，为软件产业发展提供了一个很好的机遇。针对国家信息化发展和重大工程应用对可信软件的战略需求，采用理论研究和实证研究相结合的方法，揭示软件可信和环境可信的失效、度量和演化的基本规律，建立可信软件及其环境构造与验证、演化与控制的方法和关键技术体系，研究可信软件开发工具和运行支撑平台及环境，并在典型的嵌入式软件和基于网络的大型应用软件中进行验证和示范，促进软件从传统的单一度量理论到综合性的可信度量理论及其构造方法的集成升华，提高我国在可信软件领域的原始创新能力和国际影响力，推进软件技术与应用的创新，有助于我国软件行业走出一条既符合国情又能占领知识经济制高点的发展道路。

1.3 可信软件质量属性评价的研究内容

本研究以软件用户需求为视角、可信软件质量属性为研究对象，通过对可信软件质量属性评价理论与常用方法的分析，探讨复杂、不确定及干扰环境下的可信软件质量属性评价方法，具体来说包括以下几个方面的内容：

（1）对可信软件、质量属性等相关概念进行了界定，并对其国内外研究现状进行了综述；梳理了七个比较经典的软件质量模型，对软件质量度量的发展、分类、方法和过程进行了介绍和总结。

（2）概括了软件质量属性评价的常用方法（层次分析法、模糊综合评判法），在此基础上，设计并构造了软件质量属性评价应用系统建模与框架设计。

（3）从本体的角度研究了用户需求的提取；探讨了影响软件可信性的质量属性（关键属性和非关键属性）及其具体意义；并以此为基础，通过构建可信软件质量属性证据模型、评价体系，生成满足用户需求的可信软件质量属性评价指标体系。

（4）研究基于构件的可信软件体系结构，深入分析构件中质量属性间的相互关系，借助于设计结构矩阵及矩阵变换、计算，确定一种可信软件质量属性间接度量方法。基于上述方法，探讨不同视角（软件设计者、开发者、软件用户）下，可信软件质量属性的一致性评价方法。并通过实例分析验证了该方法的可行性。

（5）研究前景理论、模糊理论、不确定语言评价信息等与决策科学相关的理论与方法，考虑软件质量属性评价者的有限理性，确定软件质量属性评价的参考点，构建基于前景理论的可信软件质量属性评价方法。并研究用户风险偏好对质量属性评价结果的影响及由此产生的软件质量属性评价值的变化，通过实例验证了该方法的可行性及有效性。

（6）研究元胞自动机、负熵的基本理论，系统模型及软件系统在受到干扰（或持续干扰）后可能出现的状态变化；利用元胞自动机的演化行为及系统内部熵变，模拟软件运行中质量属性评价值的变化及用户对软件可信性的判断。

总之，本研究以软件用户需求为视角、可信软件质量属性为研究对象，在对软件质量属性进行理论研究的基础上，探讨了可信软件质量属性间相互关系及其在静态、动态环境下软件质量属性评价结果。首先，构建了满足用户需求的可信软件质量属性评价指标体系。通过质量属性之间的相互关系，确定了可信软件质量属性的相对重要性，并基于可信软件设计开发者、软件使用者的视角，构建一个可信软件质量属性的一致性评价方法。结合前景理论及模糊集理论，构建基于复杂不确定环境下的可信软件质量属性评价方法，并探讨了评估者的风险偏好对可信软件质量属性评价结果的影响。最后研究了在可信软件运行过程中，随着运行状态的改变，软件质量属性评价值的变化及其影响。上述评价方法或通过具体实例进行验证，或通过模拟进行仿真，保证了其可行性、有效性。本研究有利于软件用户对可信软件质量属性进行客观评估，并做出是否采纳该可信软件的决策，也为设计者在设计过程中更多地考虑用户需求提供理论依据和实用参考。

1.4　可信软件质量属性评价的研究方法

本研究以用户需求为核心，通过间接、直接、动态三个方面对可信软件质量属性进行评价研究。在不同的阶段采用不同的研究方法，具体方法如下：

第一阶段：文献分析法。一方面通过文献检索全面地了解可信软件、质量属性及其国内外研究现状；另一方面了解目前国内外学术界在软件质量模型、软件质量度量、评价方法方面取得的研究成果，为后续研究奠定基础。

第二阶段：定量分析模型。一方面通过研究系统中质量属性之间的相互关系，借助于设计结构矩阵及矩阵转换，确定可信软件质量属性的相对重要性，并考虑了不同视角下可信软件质量属性的一致性评价问题。另一方面通过前景理论、模糊集理论研究不确定环境下可信软件质量属性评价方法，并通过元胞自动机模拟软件在动态环境下质量属性评价结果的变化及其影响。

第三阶段：实例分析与仿真模拟。上述方法或通过具体实例进行演算，或通过计算机进行仿真模拟，验证了其有效性和可行性。

1.5　可信软件质量属性评价的研究思路

根据所要论述和研究问题的逻辑思路，本书分为八章，每一章所要研究的内容如下。

第一章是"可信软件质量属性研究概述"。主要介绍了可信软件问题的提出、背景与意义；可信软件质量属性评价的研究内容、研究方法与研究思路。

第二章是"相关理论及文献综述"。本章界定了可信软件、质量属性，对其国内外研究现状进行了梳理和总结，主要从"可信软件研究现状"、"软件质量属性研究现状"、"软件质量模型"和"软件质量度量"四个方面进行研究。

第三章是"可信软件质量属性评价方法与建模"。主要介绍了常用的两种质量属性评价方法，并对可信软件质量属性评价应用系统进行了分析、构建及框架的设计。

第四章是"基于用户需求的可信软件质量属性的生成"。主要研究了用户需求的本体提取，确定了影响软件可信性的质量属性，对满足用户需求的质量属性进行提取，通过可信软件质量属性证据模型、评价体系构建满足用户需求的可信软件质量属性评价指标体系，本章是为可信软件质量属性评价模型的实现做铺垫性工作。

第五章是"基于一致性评判的可信软件质量属性评价方法研究"。主要研究的内容包括：基于构件的可信软件质量属性间相互关系及借助于设计结构矩阵来表达、传递这种关系，确定质量属性的相对重要性；研究不同视角（软件设计者、软件开发者、软件使用者）下软件质量属性的不同需求，构建基于需求差异视角的软件质量属性一致性评判模型，并通过实例验证了模型的有效性和可行性。

第六章是"基于前景理论的可信软件质量属性评价方法研究"。本章是对可信软件质量属性评价的直接研究，即借助前景理论，考虑评价者的风险偏好，通过评价者对质量属性评价结果的表达，确定软件质量属性评估值。最后通过实例验证了该模型的可行性和有效性。并考虑了用户风险偏好对评估结果的影响。

第七章是"基于元胞自动机的可信软件质量属性动态评价方法

研究"。软件始终是在一个动态环境中运行的，元胞自动机能在离散的时间维度上演化这个过程。基于元胞自动机的模拟，研究在动态环境下可信软件质量属性评价值的变化，确定软件质量属性是否总是能满足评价者的需要，并通过仿真模拟实验验证这个过程，确定该模型的有效性。

第八章为"总结和展望"，是对本书的概括和总结，并对可信软件质量属性评价研究的展望。

本书的具体研究路线如图 1-1 所示。

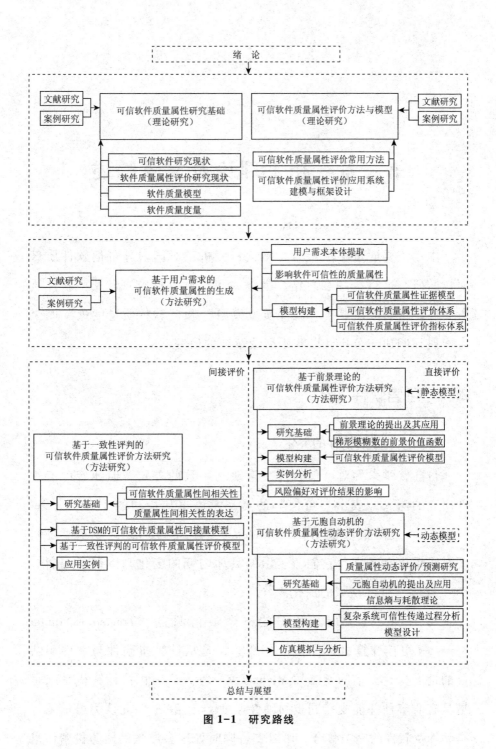

图 1-1　研究路线

第二章 相关理论及文献综述

本章主要通过文献检索、阅读、分析，对国内外可信软件质量属性的研究进行梳理和总结。围绕"可信软件研究现状""软件质量属性评价研究现状""软件质量模型"和"软件质量度量"四个方面展开阐述与分析，以利于后续章节的研究。

2.1 可信软件

2.1.1 可信软件的界定

目前，学术界对可信软件一直缺乏一致的界定，但随着可信软件研究的深入，表示"可信"的英文术语也从最初的 Trusted、Dependability 逐步演变成 High Confidence、Trustworthy，这些术语之间既有联系也有区别，它们所表示的具体内涵的变化，体现了人们对于"可信"软件认识的深化。

与 Trusted（可信）相关的概念最初源自"Trusted Computer System（可信计算机系统）"的概念，是从计算机硬件与软件相结合的角度探讨可信问题。如 Michael W. 等人认为可信计算机系统是指具有兼容性并能支持同步的硬件速度[14]；Rein Turn 认为可信系统是硬件及软件的完美整合，用以支持同时处理多层次的国防机密信息及其他因素导致的敏感信息，维护计算机系统的资源，保证计算机控制过程及系统的安全性和完整性[15]。1985 年美国国防部针对可信计算机系统也提出了和 Rein Turn 类似的概念，他们认为如果计算机系统有足够多的硬件和软件资源，并可以保证在同一时间处理众多敏感性或机密性的信息，则这个系统是可信的[16]。ISO/IEC15408－1－2005 标准提出可信的定义：如果计算机系统能抵抗病毒、干扰造成的破坏，且其参与计算的组件、操作或过程的行为是可预测的，则该系统被认为是可信的[17]。这些定义均是从系统安全性特征的角度，强调计算机硬件和软件资源的可信。

1991 年，Laprie L. C. 基于安全关键系统（Safety Critical System，SCS）的研究，提出软件 Dependability（可依赖性）的概念。他认为可依赖性是指系统在可用性确定、既定任务开始执行时，在规定的时间和环境内能使用且完成规定功能的能力，即系统"动则成功"的能力[18]。SCS 定义的可依赖性主要包括可维护性、可用性、防危性、可靠性四个特征，其中可靠性和防危性是其主要特征。2001年，Algirdas A. 等提出软件可依赖性是指：人们相信软件系统所具有的、特定服务的能力[19,20]，这个定义从可论证性方面强调了人们对软件的信任。

1997 年美国国家科学技术委员会（NSTC）在《高可信系统的研究挑战》一文中明确提出了高可信性（High Confidence）的概念：即便系统自身存在缺陷或错误，运行环境存在故障，存在对系统的恶意破坏性攻击，系统设计者、实现者和用户均能最大限度地保证该系统不会失效或表现不好，则认为该系统是高可信的[21]。NSTC认为高可信性系统必须同时满足两个主要特征：①具备一些属性特征，如防危性、容错性、功能正确性、实时性、安全性等；②能对系统行为满足用户期望进行度量。我国学者陈火旺、王戟等人提出：高可信软件系统在提供服务时能满足一系列关键性质（高可信性质），且能充分地证明或认证这些高可信性质，一旦软件系统违背这些性质，就会造成不可估量的巨大损失[22]，具体涉及的性质包括：可靠安全性、可靠性、生存性、容错性、实时性、保密安全性中的一个或者多个。

John McCarthy 是最早提出"Trustworthy Software"这一术语的学者，在这之后，F. Lockwood Morris 也曾用"Trustworthy Software"来讨论并证明软件编译的正确性。但是，今天我们所说的可信软件概念，却是来自 David L. 等人的观点[23]："一个产品是可信的，当且仅当这个产品在使用中发生潜在灾难性事件的可能性尽可能的低。"这里的"灾难性"一词，是一个不能度量的、技术性的量，例如，对某人来说是灾难性的，但对其他人来说可能不是。不可否认的是，与可信（Trustworthiness）相关的概念正越来越受到工业界的重视。一些组织，如微软可信计算团队①和太阳微系统自由联盟②等倡导了对可信计算的讨论。但他们的讨论还只是仅仅关注软件的保密性。实际上可信性是由安全性、正确的、可靠性、可用性、私密性、性能及认证等众多属性决定的，对软件质量属性的整体研究可以使我们确定对系统的信任程度。而微软和太阳微系统的可信计算研究太片面而不能全面地、综合地概括可信的问题。美国国家软件研究中心开展的"软件 2015 计划——一个国家软件战略以确保美国安全和

---

① www. trustedcomputinggroup. org.
② www. projectliberty. org.

竞争力①"，确定未来软件研究的首要问题是软件可信性的研究。美国
国家科学基金委员会（NSF）将软件可信性定义为：即便软件系统环
境遭到破坏、操作失误、受到恶意攻击、系统设计或执行错误，软件
系统仍然能按照我们预先设定的方式运行，这个系统是值得我们信任
的。他们认为：可信软件强调的是系统持续按照预期的行为运行，不
会因为各种影响而遭到破坏[24]。同时，NSF 认为可信性的定义涵盖
了正确性、可靠性、私密性、防危性、安全性（包括机密性、完整
性、可用性）和可生存性等诸多属性[11,25]。德国科学研究基金委员
会在奥尔登堡大学成立了可信软件研究院（TrustSoft Graduate
School)，计划从 2005~2014 年九年期间通过一个跨学科平台提升可
信软件系统架构、评价/分析和认证的相关知识。该机构研究认为，
软件系统的可信性是由正确性、安全性、服务质量（包括性能、可
靠性、可用性）、保密性及私密性所决定的[11]。特别是对于基于构
件的软件系统的可信性，正式的检验、质量预测和认证是必需的，
此外，故障处理和容错性是一个有效的补充。刘克等人认为可信软
件（Trustworthy Software，TS）是指软件系统的动态行为及其运行结
果总是符合人们预期，并在受到干扰时仍能提供连续服务的软件[1]，
这里的"干扰"既包括环境影响、外部攻击等外部干扰，也包括操
作错误等内部干扰。他们认为可信性[1]是在正确性、安全性、可靠
性、时效性、完整性、可用性、可预测性、生存性、可控性等众多概
念基础上发展起来的一个新概念，是软件系统诸多属性的综合反映。
这是一个基于用户视角的，体现软件应具有的质量属性及其在人们心
目中的主观认同。王怀民、尹刚则认为上述可信软件的定义涉及客观

---

① http：//www.cnsoftware.org/nsg.

定义与主观判断，因此在具体操作实践上存在诸多问题。为此，他们主张从"客观性"和"主观性"两个方面分别定义可信软件："软件可信性"指软件客观具有的质量；"可信软件"指用户对软件客观质量的主观认同[26]。他们认为的影响软件可信性的属性包括：安全性、可用性、可靠性、实时性、可维护性和可生存性[27,28]。

综合上述与可信相关的术语，我们认为：尽管可信软件的定义并未达成一致，但各国研究机构、专家学者对可信软件的界定，在以下两点获得了一致的认同：

（1）可信软件是一种主观认同，是用户对软件质量属性的主观感受。

（2）软件可信性是一个整合整个复合系统的、综合属性的概念，仅仅通过单个或者多个属性的简单集结，不足以解决从软件构件的设计到整个系统可信性得以实现这一过程中出现的若干问题。

为了研究可信软件质量属性，我们在刘克、王怀民等学者所确定的可信软件定义基础上，对可信软件及软件可信性的定义稍做改动，以便于从用户需求的视角出发研究可信软件质量属性。我们认为，可信软件是这样一类软件：其行为和结果总是能符合用户预期，并在受到各种干扰时仍能提供连续服务的软件。在这里，我们强调了"用户的预期"，因为我们认为：刘克等定义中"人们的预期"中的"人们"既可以是软件的设计者、开发者、维护者，也可以是软件分销商、用户，等等，但在本书中我们主要从用户的角度对可信软件质量属性进行度量，因此做了上述改动。同理，我们认为：软件可信性是软件的一种能力，是软件系统的行为和结果总是能符合用户预期，在受到各种干扰时仍能提供连续服务的能力。

2.1.2 可信软件的国内外研究现状

一般认为，学术论文的发表情况是某个领域研究热度的晴雨表。我们以数据库 Web of Science 为例，来说明可信软件在学术界的研究情况。为了明确论文必须与可信软件密切相关，且是最近十年内的、高质量文献，我们设置如下搜索条件：时间跨度为：2007～2017 年，文献引用范围为 SCI、SCIE、SSCI 来源期刊，搜索主题 TS =（（trust ∗ or dependability or high+confidence）software），且满足题目 TI =（trust ∗ or dependability or high+confidence or software）。具体如图 2-1 所示。

图 2-1　搜索条件设置及其结果

我们按照论文的出版年份、作者国籍及作者发表相关论文数量来分析可信软件的研究现状，结果分别如图 2-2、图 2-3、图 2-4 所示。

图 2-2～图 2-4 检索结果表明：从 2007 年到 2017 年 8 月 30 日止，共发表与可信软件密切相关的、高质量论文 505 篇，且发表的数量及其引用情况基本呈现出逐年上升的趋势，这表明可信软件的研究越来越引起广大专家学者的关注；且超过 60% 以上的文献来自美国、中国、英国和意大利，说明这四个国家在可信软件研究领域表现出了明显的优势，同时，就论文发表数目而言，Khan Su、

Kimiami M.、Alves V.、Boehm B. 等作者在这个方面的研究成果相对比较丰硕。

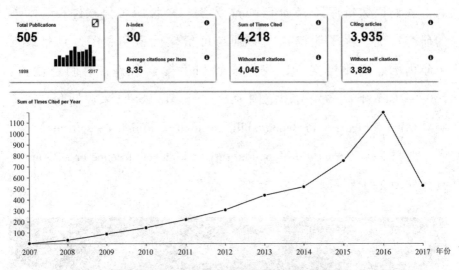

图 2-2　检索结果 1：与可信软件相关的文献数及引用文献分析

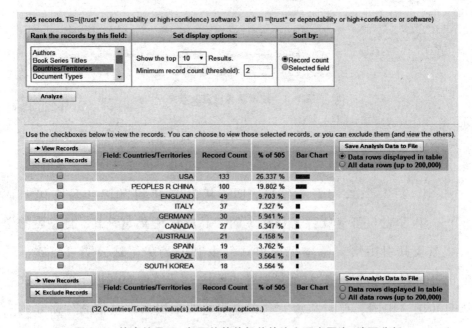

图 2-3　检索结果 2：与可信软件相关的论文研究国家/地区分析

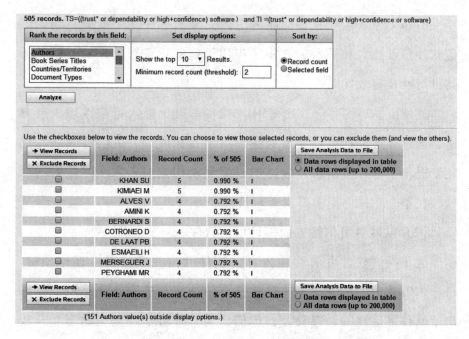

图 2-4　检索结果 3：与可信软件相关的研究作者分析

此外，通过对这些文献的深入研究，发现当前可信软件的研究主要集中在以下三个方面：

（1）从软件体系结构设计、建模框架方面研究可信软件。

Guerra，Rubir 等提出为了满足软件可信性，克服软件故障，有必要从需求层次获得可信性，但是现今基于构件的复杂系统开发方法很难从根本上解决这个问题，为此，他们提出了一种基于构件的 C2 体系结构方式的容错软件结构[29]。

Barry Boehm、Victor R. Basili 等认为日益复杂的软件系统及加速开发的软件项目进度，给可信软件的开发带来了很多问题，为此，他们从软件体系结构、构件组建、模块实现等方面提出了在软件开发过程中应该注意的 10 个问题，以克服在软件开发过程中容易出现的各种缺陷[30]。

Reznik 等从系统的安全性考虑，提出了一种基于模型驱动的可信软件开发技术和平台，并将之应用于航空运输管理领域，以验证其可行性及有效性[31]。

战德臣、冯锦丹等在 ICEMDA 架构基础上融入可信性理论与方法，通过逐层进行可信模型描述、可信指标度量、可信性判断与优化，提出了一种可信管理软件的模型驱动构造参考方法，从而确保软件在整个生命周期中都具有可信性[32]。

（2）从软件可信性方面探讨可信软件。

为了探讨软件可信性并为可信软件可信性度量提供理论基础，Zheng ZhiMing、Li Wei 等针对软件可信性演化规则及动态机制，提出了软件可信性的动态模型，他们认为软件可信性是在动态、开放环境下软件系统的统计行为特征[33]，并根据可信软件可信性的复杂度，提出了一种软件可信性的度量方法[34]。

Jeffrey Voas 对可信软件设计开发的早期阶段，实现软件可信性的技术属性：可靠性、可获得性、容错性、可测试性、可持续性、软件保密性、软件安全性等进行了相关技术讨论，解释了在特定层次可信软件的不同属性所需要的"成本"及各个属性间发生"冲突"的原因，并进一步探讨了这些属性间的均衡[35]。

李珍、田俊峰针对软件预期行为轨迹中的软件监控点，构建各级属性的可信行为模型，采用高斯核函数的场景级属性聚类算法，提出了一个基于分级属性的软件监控点可信行为模型，以准确判断软件的可信性[36]。

（3）基于项目管理，从软件过程管理的角度研究可信软件。

早在 1989 年，Barry Boehm 就提出了软件风险管理的问题，他认为尽管软件风险管理能提供一个有用的框架以避免开发失败及软件故障，但当时的软件开发并没有遵循这些管理规则，这给可信软件的开发带来了一系列问题[37]。

Liguo Huang 认为由于不同的系统有不同的利益相关者，而这些相关者以不同的方式依赖软件系统，因此传统、统一的软件开发过程及其可信性度量方式不能满足所有相关利益者。为此他们依据一种共赢的、螺旋形风险驱动模型，结合一系列可信性分析框架、方法及模型，构建了基于价值的软件可信性开发过程[38]。

Jianping Li 等从软件过程管理的角度，研究了可信软件的风险管理。他们提出了一个能在有限的过程成本和持续时间内，为可信软件的开发过程提供优化风险管理进程的模型，通过这个模型框架，众多仿真案例被分析，结果表明：风险管理对于加强软件可信性是至关重要的，但是风险管理只是加强软件可信性的补充因素，不是根本原因，软件开发者对于风险管理的投入应当采用优化战略[39]。

此外，我国许多学者，如刘克、何积丰[1]、陈火旺[22]等从实现可信软件的底层程序设计、可信软件研究目标、核心科学、预期成果等方面对可信软件进行了全面的分析与设计。

2.2 软件质量属性评价

可信软件由于自身的复杂性及运行环境的不确定性，使得其质量属性具有与其他产品质量属性不同的特点，为此，其界定与划分至今未获得一致的认同。同时，由于可信软件质量属性间存在各种错综复杂的关系，正确均衡、评价他们存在一定的困难，且不同的人（如软件设计开发者、软件使用者）对软件质量属性的要求也不同，对其评价结果也很难获得一致的认同。因此，可信软件质量属性的评价也尤为困难。但软件质量属性评价是软件质量管理的前提和基础，如果没有科学有效的评价体系和方法，软件的管理就变成了一纸空谈。

2.2.1　软件质量属性的界定

在计算机科学和软件工程领域，针对术语的界定，一个普遍存在的问题是：很多术语由不同的概念表示，而相同的概念可能表示不同的术语[11,40]。质量属性就是这样一个术语。质量属性，在很多文献中又称非功能需求、非功能属性，其标准定义和完整分类一直都没有一致的结论，目前比较有影响力的定义有：

（1）Chung 等认为质量属性不是系统某个具体的特定的功能行为[41-43]。

（2）Tonu 定义"质量属性不是决定系统要做什么，而是系统将怎样做，包括软件性能需求、接口需求、软件设计限制等属性及其约束[44]"。

（3）非功能需求是软件系统功能需求的选择标准和依据。非功能需求实现的并不是系统应该做什么，而是阐述实现功能方式的属性，是用户在空间和时间范围内对目标系统满意程度的具体体现程度[45]。

（4）质量属性是系统在其生命周期过程中所表现出的各种特征。质量属性既和系统架构有关，也和具体实现有关，且任何质量属性都不可能在不考虑其他属性情况下单独获取[46]。

综上，本书认为软件非功能需求与质量属性是两个既有联系又有区别的概念。软件非功能需求是软件客观所具有的区别于功能需求的属性，是软件质量属性及其约束的集结，是对软件全局性的约束，是一个适用于软件设计开发阶段的概念。而软件质量属性是在软件使用过程中，软件管理者和软件用户对软件质量的客观度量与主观感受，是与其可靠性、可维护性、可复用性、可理解性、可测试性、可移植性、软件系统规模大小和程序复杂程度等密切相关的，直接影响着人们对软件的测试、操作、移植与维护等过程的判断[46,47]。

一般来说，软件质量属性可以分成两类，一类是运行时可见属性，如可用性、性能、安全性、易用性等；另一类是维护时可见属性，可修改性、可扩展性、可移植性、可集成性等。而对用户重要的属性主要有以下八个方面：

（1）有效性：指在预定的启动时间内，系统可用且完全运行时间所占的百分比，即有效性等于系统的平均失效前时间（MTTF，Mean Time To Failure）除以平均故障与故障修复时间的和。有效性可能这样描述："某系统在＊＊工作时间内，从当地时间早上 7 点到 14 点，系统的有效性至少达到 99.90%，在 15 点到 20 点，系统的有效性至少为 99.95%"。

（2）效率：是衡量系统磁盘空间、处理器或者通信带宽宽裕程度的一个标志。[10] 显然，如果系统的可用资源已经用完，那么，系统性能下降是一个必然的趋势，这也是效率降低的一个具体表现。我们也可以这样说明某系统的效率："在预计的高峰负载条件下，12% 的处理能力和 18% 的系统可用内存必须留出以备用。"

（3）灵活性：表明当产品增加新功能时所需工作量的大小。我们可以这样解释系统的灵活性："系统增加一个新的、可以支持硬拷贝的输出设备，这需要一个至少具有 1 年产品支持经验的软件维护员在一个小时内完成。"

（4）完整性（安全性）：主要包括防止数据丢失、防止非法访问系统功能、防止病毒入侵、防止私人数据进入系统。完整性要求访问和数据必须通过特定的方式保护起来。完整性可以这样描述："只有拥有超级管理员访问权限的用户才能查看客户交易记录。"

（5）互操作性：表明软件系统与其他系统交换服务或数据的难易程度。互操作性可以这样描述："＊＊系统应该能从 COREDRAW 和 UNIGRAPHICS 工具导入任何有效的图。"

（6）可靠性：是软件无故障执行一段时间的效率。健壮性、有效性和容错性等有时可以认为是可靠性的一部分。软件的可靠性可以通过以下三种方式进行衡量：①正确执行操作所占整个操作的百分比；②无故障或缺陷出现时，系统运行时间的长短；③缺陷或故障出现的密度。一个可靠性需求可以这样说明："由于软件失效所引起的系统错误的概率不能超过 3‰。"

（7）健壮性：系统或其组件遭到非法输入数据、硬件或软件出现缺陷/故障、操作异常时，软件系统能持续正确运行的程度。相应的，一个健壮性需求可以这样描述："所有的参数都要指定一个缺省值，当输入数据丢失或者无效时，使用缺省数据。"

（8）可用性：又称为"易用性"，它描述的是许多组成"用户友好性"的因素。可用性衡量准备输入、操作、输出的所有努力，此外还包括系统与任何用户界面标准的符合程度、用户界面与其他常用系统的界面一致程度、新用户在学习使用产品的简易程度。我们可以这样描述可用性："新的软件操作员，在一天培训学习后应该能正确执行他们所要求操作任务的98%。"

2.2.2 软件质量属性评价的国内外研究现状

国际化标准组织及软件工程研究机构对软件质量的评价做出了规范化的要求，无论在软件所具备的质量特性上，还是在围绕软件质量属性所展开的模型、评价方法、工具等方面均取得了较大的进展。

目前，软件质量属性的评价方法大体上可以分为面向软件系统体系结构的评价方法和面向属性对象的评价方法两大类。

（1）面向软件体系结构的评价方法，主要是在软件设计开发早期，把非功能需求纳入或等同于软件功能需求，从软件体系结构的角度来设计、实现、度量并评价软件质量属性。如：

Joe Zou 等提出通过控制用例的方法记录并建模非功能需求[47]。这种方法能在最典型的操作环境下从不同视角让控制用例提出非功能需求，并通过增加控制用例、使用拓展性的"4+1模型"来描述软件架构并评价其质量属性。

Agustin Casamayor 等人提出一种半监督文本分类方法[48]，通过学习初始分类器，产生一个不断迭代的过程，在软件体系结构设计初期自动检索、分类并评价系统非功能需求，与标准的方法相比，这种方法所产生的结果精确度能提高70%。

Kassab M. 采用功能规模度量方法 COSMIC-FFP，将非功能需求纳入功能规模量化过程，通过扩展 ISO/IEC19761 标准来量化非功能需求，提高非功能需求开发和测试值，并管理非功能需求的规模[49]。

Nelson S. Rosa 等提出一个让非功能需求进入软件构架某一特定层（动态软件构架层）的方法，确定了怎样将指定的动态软件构架模型融入现存的正式框架中的相关方法，并通过案例研究验证了这个模型的有效性[50]。

Carlo Ghezzi 和 Amir Molzam Sharifloo 认为在软件开发早期阶段采用一个设计模型评估质量属性，能显著减少开发低质量产品的成本和风险，因此软件设计者应该在开发阶段通过推演系统模型预测质量属性。[51]他们提出了一个可能的模型检测技术和工具用以验证软件产品线不同配置及非功能属性。

Lars Grunske 和 Aldeida Aleti 提出了一种新的软件体系结构优化框架。尤其是针对互相冲突的质量属性，从软件体系结构本身提出了一种优化算法以解决它们的冲突并提高软件质量；并使用基于问题依赖的智能启发式算法及与 ADLs 表达方式相结合的体系结构优化来提高软件结构及其质量。[52]

（2）面向属性对象的评价方法主要是在软件测试、使用过程中，通过重新构建或使用已有的软件质量属性各项评价指标，结合一定的模型或方法来度量与评价软件质量属性。

Yoji Akao 等人采用基准数据法进行软件质量属性的评价，该方法将要评价的软件产品质量属性与同类产品中的最优者进行比较来评价该产品的质量属性[53]。目前这种方法因简单易用而普遍使用。

Chang Che-Wei 等人针对软件服务评价的不确定和不精确，提出一个软件质量评价模型及其算法（FAHP，模糊层次分析法），为决策者和软件购买者提供评价软件质量的有效指导。[54]

Xiaoqing（Frank）Liu 等人采用基于影响分析的线性回归方法评

价软件质量属性，并探讨了用户需求的不同权重对软件质量属性评价值的影响[55]。

Miroslaw Staron[56,57]等通过计算软件运行时所暴露出来的缺陷数、故障等来评价软件的质量属性。

Haigh. M 采用调查问卷的方法，通过对美国某商学院的 500 多个 EMBA 学员的调查问卷分析（其中有效问卷 318 份），从不同的行业从业人员及不同软件应用领域的研究出发，定性分析了不同商业团体和 IT 团队对软件质量属性的评估不同及其原因[58]。

Ceyda Güngör Şen 通过 ISO/9126-1：2001 标准，采用模糊群层次分析法和调整的模糊对数最小二乘法评价软件质量属性[59]，以帮助不同专家群体确定软件质量等级。

Meyerhofer 针对基于构件的软件系统，提出从构件资源使用情况（主要是响应时间）计算整个系统的资源需求，从而定量分析和评价软件系统质量属性[60]。

Zeynep 和 Karsak 等人使用模糊回归的方法对用户需求与软件特性之间的相互关系进行定量分析，用对称的模糊三角数作为变量的估计参数，将模糊性体现在表达式中，并考虑了用户需求对软件质量的相对影响[61]。

Shuai Ding 等人针对不确定、不可靠环境下的软件可信性评估，通过两个用于软件可信评价的折扣因子评价方法来满足不可信的可信评价预处理的需求，并借助于效用理论的可信性评价距离来确定软件可信性程度[62]。

熊伟等人[63,64,65]借助于质量功能展开（QFD）方法对软件质量属性进行评价，利用质量屋将用户的需求与软件特性之间的关系表示出来，以充分表达用户对软件的要求。

邓韬、袁正刚、Liao Jin－shun、Tony Rosqvist、Kevin Kam 等人分别采用模糊回归方法、主成分分析、模糊神经网络及专家判断的方法、模糊群层次分析法对软件质量属性进行分析和评价[66-70]。

此外，Kirti Tyagi 和 Arun Sharma 研究了软件系统的可靠性，提出了一个模糊—逻辑模型来评估基于构件的软件系统可靠性，他们认为影响系统可靠性的四个因素分别是：单个组件可靠性之和、接口可靠性、组件的可重用性及运行剖面。[71]为此他们对这 4 个实时因素分别进行评估。他们的方法不依赖于数学模型，具有很强的灵活性及比较性，但是这种方法没有考虑构件失败的可能性及影响构件可靠性的其他因素。

Benhai Yu 等人从软件生命周期的角度，通过软件过程产品、过程行为和过程实体三个维度分析软件过程的基本特征，建立了软件过程质量可信的评价指标，提出了软件过程可信的评价模型[72]。并通过实例验证了该模型不仅能够评价软件过程质量可信的程度，而且能够识别软件开发过程中的潜在风险因素，为避免项目风险、提高软件产品质量提供了决策依据。

综上所述，国内外的许多专家、学者提出了很多行之有效的评价软件质量属性的方法，取得了一定的成果。但是，软件质量属性的评价应该考虑不同用户的不同需求所带来的影响，如果能够定量分析用户需求与软件质量属性之间的关系，也就是将他们之间的关系通过一定的方式表达出来，将有利于开发人员调整开发策略，将更多的精力用于对用户需求影响较大的软件特性上，从而最大限度地满足用户需求。

2.3 软件质量模型

2.3.1 McCall 质量模型

McCall 模型是由 Jim McCall 等人于 1977 年最初提出并不断完善的[73]，是当今质量模型中最负盛名的一个。与同时期其他模型相同，McCall 模型最初源自美国军方，主要用于系统开发者及其系统开发过程[74,75]，这个模型试图解决用户需求和软件属性开发优先权之间的均衡，以有效沟通软件用户和开发者。

McCall 质量模型从产品修改性（Product Revision）、产品适应性（Product Transition）和产品可操作性（Product Operations）三个方面界定和识别软件产品质量[76]，具体如图 2-5 所示。

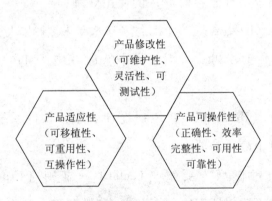

图 2-5　基于软件质量属性特性的 McCall 质量模型

产品修改性是一种能承担改变的能力，它包括：

①可维护性（Maintainability）：是指运行中的软件系统，能找到并修复程序运行中的故障；

②灵活性（Flexibility）：是指软件系统在运行环境下能很容易适应变化的能力；

③可测试性（Testability）：便于软件测试，确保其无差错并能满足软件的规范。

产品适应性是一种适应新环境的能力，它包括：

①可移植性（Portability）：软件系统从一个环境移植到另一个环境中的能力；

②可重用性（Reusable）：便于在不同的语义环境下使用软件系统的能力；

③互操作性（Interoperability）：软件系统与其他系统耦合的能力。

产品可操作性是它的操作特性，它依赖于：

①正确性（Correctness）：软件系统满足设计规格说明的程度；

②效率（Efficiency）：进一步细分为执行效率、存储效率和各种资源（如处理器时间、存储等）的使用效率；

③完整性（Integrity）：保护系统免于遭受未被授权人员访问的能力；

④可用性（Usability）：对于一个软件系统，用户学习使用该系统的舒适程度；

⑤可靠性（Reliability）：依据设计要求，软件系统在规定时间和条件下不发生故障的能力。

McCall 质量模型为要素（Factor）—准则（Criteria）—度量（Metric）模型，又称 FCM 三层模型。该模型进一步细分了软件质量属性的特征，如图 2-6 所示。

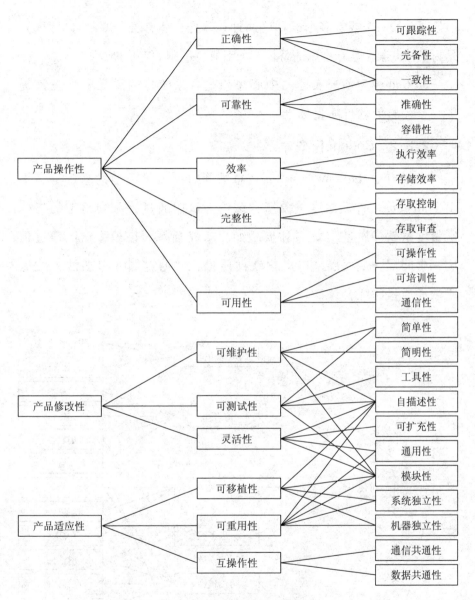

图 2-6 McCall 软件质量模型

McCall 模型定义了 11 个软件质量要素（Factor），即基于用户视角的软件外部质量特性，它们用来描述系统行为的不同类型及特征；23 个软件质量准则（Criteria），即基于开发者的软件内部质量特性，它们是

质量要素的一个或者多个准则或属性；此外，还有若干度量（Metric），
是为了捕获某个质量准则的特征，而对软件准则的定量度量。

McCall 模型所要表达的中心思想是：系统化的质量要素应该提供一个完整的软件质量标准。

2.3.2 Boehm 模型

1976 年，Barry W. Boehm 在总结同时期质量模型的基础上，提出了 Boehm 软件质量度量模型，该模型试图通过一系列给定的指标定量度量软件质量[77]，具体模型如图 2-7 所示。该模型试图通过顶层—中间层—最底层来层次化软件质量，并通过层次追随的方式完成软件质量的综合评价。

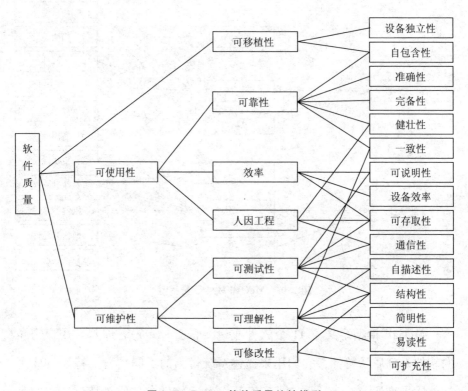

图 2-7　Boehm 软件质量特性模型

Boehm 模型的最顶层特征针对软件用户，提出了三个主要问题：

①这个软件好用吗？我能用好吗？

②这个软件便于理解、修改和维护吗？

③当运行环境发生变化后，我还能使用这个软件吗？

Boehm 模型中间层提出了 7 个质量要素表示软件系统所期望的质量，它们分别是可移植性、可靠性、效率、人因工程、可理解性、可测试性、可修改性。

Boehm 模型的底层提供了一组（15 个）彼此之间有较强差异的、能量化软件质量的基本特性，这些基本特性既便于量化软件质量属性，在低层次上指导软件质量改进的方向，又便于在较高层次上用来评价软件产品的质量。

由此可知，Boehm 模型更多的关注于软件当前可使用状况、后期可维护性及可移植性。

2.3.3　软件能力成熟度模型

1987 年，美国卡内基梅隆大学软件工程研究所提出了 Capability Maturity Model For Software（软件能力成熟度模型，简称 CMM），这个模型对软件组织在定义、实施、度量、控制和改善其软件过程的各个阶段进行了描述。其核心是把软件开发视作一个过程，对软件开发和维护进行监控和研究。这是一种从软件开发过程的管理及工程实现的方面，提高并评估软件质量的方法。

CMM 将软件过程的成熟度分成 5 个等级，表 2-1 详述了各个等级的要点及所属关键过程领域。

表 2-1　CMM 成熟度等级

等级	特征	关键过程
初始级	工作无序	无
可重复级	项目管理	需求管理；软件项目计划；软件项目跟踪与监督；软件分包商管理；软件质量保证；软件配置管理
已定义级	开发过程	组织过程界定；专家评审；实训计划；团队合作；软件产品开发；整合软件管理
已管理级	产品和过程质量	软件质量管理；量化过程管理
优化级	持续改进	过程变化管理；技术变化管理；缺陷防止

CMM 的 5 级模型分成：

①初始级：软件过程的特征是无序的，有时甚至是混乱的，几乎没有过程定义，成功完成取决于个人的能力。

②可重复级：建立了基本的项目管理过程来跟踪成本、进度和功能特性。制定了必要的过程纪律，能重复早先类似应用项目取得的成功。

③已定义级：已将管理和工程活动两方面的软件过程文档化、标准化，并综合成该机构的标准软件过程。所有项目均使用经批准、剪裁的标准软件过程来开发和维护软件。

④已管理级：收集对软件过程和产品质量的详细度量值，对软件过程和产品都有定量的理解和控制。

⑤优化级：过程的量化反馈和先进的新思想、新技术促使过程不断改进。

这 5 个级别反映出 CMM 是提高软件机构能力的一个模型。5 级成熟度合理地描述了软件机构进行软件过程改进的实际情况，给出了从前级到后级进化的合理度量，明确了下一步改进所需的工作。

2.3.4　FURPS/FURPS+模型

1992 年，Robert Grady 提出了一个 FURPS 模型[78]（之后被 IBM 公司 Rational Software 扩展形成 FURPS+模型①）。FURPS 模型将软件质量分成两种不同的类型：功能性（F）和非功能性（URPS）。这两种类型都能用于软件产品需求及软件产品质量的评估。

FURPS 模型具体细分为：

①功能性（Functionality）：包括软件特征集、软件能力和安全性；

②可用性（Usability）：包括各种人为因素，如用户界面的美观性、一贯性，在线帮助，上下文敏感性，代理，用户文件等；

③可靠性（Reliability）：包括软件故障的频率和严重程度，可恢复性、可预测性、精确性及平均无故障时间；

④性能（Performance）：是施加在功能需求上的条件，如速度、效率、准确性、吞吐、响应时间、恢复时间及资源使用情况；

⑤支持性（Supportability）：包括可测试性、可扩展性、可用性、适应性、可维护性、兼容性、软件服务能力、国际化等特征。

FURPS+中的"+"是指一些辅助性的和次要性的因素，如：

①实现（Implementation）：资源的限制、语言和工具、硬件等；

②接口（Interface）：强加于外部系统接口上的约束；

③操作（Operation）：操作设置的系统管理；

④包装（Package）：产品的包装盒等；

⑤授权（Legal）：许可证或其他方式。

---

①　这里的"+"在 FURPS 后，指包括一些需求，如设计约束、执行需求、接口需求和物理需求。

2.3.5 Dromey 质量模型

R. Geoff Dromey 于 1995 年提出了一个与 McCall、Boehm 及 FURPS+模型类似的质量模型：Dromey 质量模型[79,80]。该模型分别由影响质量的产品属性、高层质量属性及与产品质量属性密切关联的三个主要因素构成。这个模型采用一种动态的观点去建模软件质量评价过程以适应于不同的系统。同时，Dromey 质量模型更加注重质量属性及子属性之间的相互关系，并试图建立软件质量属性与软件产品属性之间的关系。具体结构如图 2-8 所示。

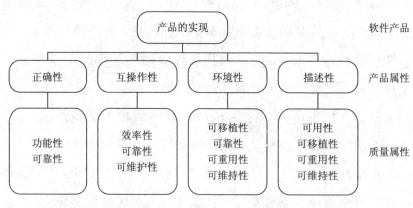

图 2-8 Dromey 质量模型

Dromey 质量模型能进一步分解成五步：

第一步：选择评价所必需的高层质量属性集；

第二步：列出系统中的构件或者模块；

第三步：识别实现质量属性的构件或模块；

第四步：确定每一个构件的特性是怎样影响质量属性的；

第五步：评价这个系统并找出系统的不足。

2.3.6　ISO/IEC 9126 模型

1991 年 ISO 和 IEC 起草并发布了 ISO/IEC 9126：软件产品评价—质量特征及用户标准指南，并于 2001 年进行了修订。ISO/IEC 9126：2001 包含质量模型、外部度量、内部度量及应用质量度量四个部分，从软件咨询、软件开发、软件维护等角度，对软件产品质量进行评价，可以适用于识别软件需求、识别软件设计目标、识别软件测试目标、识别软件维护目标及识别最终产品的验收标准等多个场景[81]。

ISO/IEC 9126 软件质量模型共有 3 层，分别是软件质量度量评价准则层（低层）、软件质量设计评价准则层（中间层）及软件质量需求评价准则（高层），共计 6 个特性，具体如图 2-9 所示。

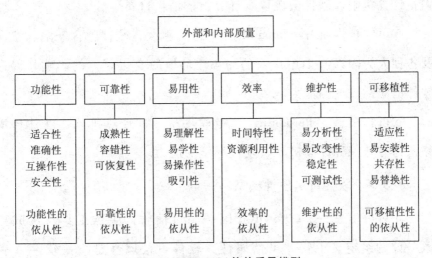

图 2-9　ISO 9126 软件质量模型

通过周密调研和详细分析后获得的这 6 个质量特性，能全面涵盖软件质量的各个方面，试图减少各个质量特性之间的重叠，其具体含义包括：

①功能性（Functionality），是指运行软件时，软件产品所能满足各种功能的能力，该特性主要描述了软件系统运行完成用户需求的具体情况。

②可靠性（Reliability），是指软件运行时，软件产品能保持规定的性能水平，即需求被满足的程度，可以用一组特定的软件特性值来表示。同时，我们认识到：软件产品可靠性的缺陷是其在使用时发生故障的主要原因之一。

③易用性（Usability），是指用户能便利使用、轻易掌握软件系统，体验软件给他们带来的愉悦。

④效率（Efficiency），是指软件运行时，在所注明的条件下，软件产品提供合适的性能所需消耗的系统资源数量的能力。这种资源包括计算机硬、软件资源以及计算机的消耗材料等。

⑤可维护性（Maintainability），是指能改正软件隐含缺陷、错误及各种人为因素（如用户新的需求、环境的变化等）的影响，促进软件适应性改变的能力。

⑥可移植性（Portability），是软件从一种计算机软、硬件环境移植到另外一种计算机软、硬件环境的能力。

2.3.7　软件可信属性模型

针对可信软件，2009 年我国"高可信软件生产工具及集成环境"课题组定义了软件可信属性，软件可信属性是指：软件（客体）获得用户（主体）对其行为实现预期目标的能力的信任程度的客观依据[27]。用户（主体）可以通过软件（客体）所具有的一组表达其可信属性的客观能力，信任客体的行为能实现其设定的目标。

根据目前关于软件可信性的几种典型概念框架和软件质量模型，课题组认为软件可信属性是软件按用户的期望提供正确、安全、可靠等特性服务的能力，不但应涵盖功能性、可靠性、易用性、效率、可维护性和可移植性等软件质量特性，还应包括安全性、实时性、可生存性等其他软件特性。

考虑到软件可信属性测量和度量的可操作性，软件可信分级评估可只关注主要的软件可信特性。因此，TRUSTIE-STC 软件可信分级规范定义软件可信属性包括：可用性（Availability）、可靠性（Reliability）、安全性（Security）、实时性（Real Time）、可维护性（Maintainability）和可生存性（Survivability）。上述每个特性又由若干子特性构成，这些属性构成了软件可信属性模型，如图 2-10 所示。

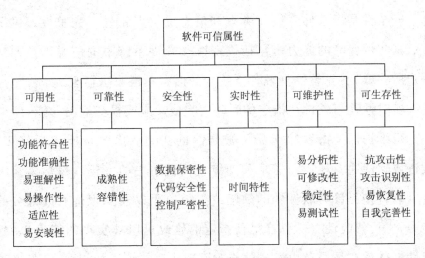

图 2-10　软件可信属性模型

可用性是指当软件在指定条件下使用时，软件产品持续提供满足明确和隐含需求的功能的能力，及软件产品被理解、学习、使用和移植的能力。包括功能符合性（软件产品为指定的任务和用户目标提供一组合适的功能的能力）、功能准确性（软件产品提供具有所需精确度的正确或相符的结果及效果的能力）、易理解性（软件产品能够使用户理解软件是否满足要求，使用户知道在特定背景下如何使用软件及使用的条件）、易操作性（软件产品使用户能操作和控制它的能力）适应性（软件产品无须采用特殊手段就可能适应不同的指定环境的能力）、易安装性（软件产品在指定环境中被安装的容易程度）。

可靠性是指在规定的环境下、规定的时间内软件无失效运行的能力。包括成熟性（软件本身存在的故障而导致的软件失效的可能程度）、容错性（在软件出现故障或者违反指定接口的情况下，软件产品维持规定的性能级别的能力）。

安全性是指软件系统对数据和信息提供保密性、完整性、可用性、真实性保障的能力。包括机密性（软件系统中的信息不被非法用户所获取）、完整性（软件系统中的信息不被非法篡改）。

实时性是指软件在指定的时间内完成反应或提交输出的能力。

可维护性是指软件产品可被修改的能力。修改可能包括修正、改进或软件适应环境、需求和功能规格说明中的变化。包括易诊断性（软件产品诊断软件中的缺陷或失效原因以及标识待修改部分的能力）、可修改性（软件产品使指定的修改可以被实现的能力）、稳定性（软件产品避免由于软件修改而造成意外结果的能力）、易测试性（软件产品使已修改部分能被确认的能力）。

可生存性是指软件在受到攻击或失效出现时连续提供服务并在规定时间内恢复所有服务的能力。包括抗攻击性（软件抵抗攻击的能力)、攻击识别能力(软件探测已经发生的入侵并评估其危害程度的能力)、恢复性(软件在被攻击后,恢复服务的能力)、自我完善性(针对从干扰及攻击中获得的信息来改进系统生存性的策略,从整体上增强系统的可生存性的能力)。

至此,我们可以比较以上几个关键模型的准则,具体如表 2-2 所示。

表 2-2 McCall、Boehm、ISO9126 及软件可信属性模型准则比较

准则/目标	McCall	Boehm	ISO9126	可信属性模型
功能性			★	
可靠性	★	★	★	★
完整性	★	★		
可用性	★	★	★	
效率性	★	★		★
可维护性	★	★	★	
可测试性	★		可维护性	★
可操作性	★			
适应性	★			★
可重用性	★	★		
可移植性	★	★	★	★
明确性		★		
可变更性		★	可维护性	★
文档化		★		
恢复力		★		
易懂性				★
有效性		★	可维护性	
正确性	★	★	可维护性	★
普遍性		★		
经济性		★		

2.4 软件质量度量

在决策科学领域，度量主要用于可比较的对象，是一个对已知事物的跟踪、评估和反馈的过程。软件质量贯穿整个软件产品的生命周期，并直接影响着软件产品的开发、使用与维护，确定软件产品的质量状态，是软件项目得以顺利进行的基础和保证。

软件质量的科学、客观度量，对评价和控制软件产品是十分关键的。软件质量的有效度量，对于企业高层而言，有利于他们对软件项目进行科学的管理与决策，从而更好地计划、控制和监督软件项目的开发过程，促进软件产品的质量提高；对于软件设计团队而言，有利于他们根据度量的结果对软件产品进一步调整、改进，提高整个团队的开发效率。

2.4.1 软件质量度量的发展

为了对软件质量进行科学度量，我们首先有必要了解什么是软件质量。与计算机科学与工程领域的许多专业名词一样，软件质量也没有一个统一的定义，不同的组织和个人都曾给软件质量下过明确的定义：

ANSI/IEEE Std 729-1983 定义软件质量为：与软件产品满足规定的和隐含的需求的能力有关的特征和特性的全体[82]。

E. R. Baker 和 M. J. Fisher 定义软件质量为表征计算机软件卓越程度的所有属性的集合[83]。

ISO 8402 术语规定，软件质量是指"对用户在功能和性能方面需求的满足，对规定的标准和规范的遵循，以及正规软件某些公认的应该具有的本质。"[84]

余为峰定义软件质量为：软件所具有的能够满足功能和性能需求、遵循一定的开发准则和规范以及符合隐含的一些规定需求的本质[85]。

从上述软件质量的定义看，它们在以下三个方面反映了基本相似的内涵：

（1）显式的需求是软件开发过程中被软件设计开发者、软件需求者明确提出来的，关于软件功能需求、性能需求等方面的需求，它是软件质量的基础，也是软件质量度量的基础；

（2）隐式的需求是在软件开发过程中没有明确提出来，但必须满足的需求，如易用性、可维护性等，这些隐性的需求是实现软件质量的必要条件；

（3）软件开发必须遵循一定的方法、规范来进行，也就是我们经常说的开发准则。

软件质量的上述特点，为软件质量度量提供了基础。1958 年 Rubey 和 Hurtwick 首次提出了软件度量学的概念，他们希望通过这门学科来科学评价软件质量，合理分配、组织各项资源，从而科学有效地控制、管理软件开发过程，以获得低成本高质量的软件[86]。1976 年 Boehm 提出软件质量属性的研究，提出软件质量的度量应该是定性研究和定量研究的结合，并从可维护性、可使用性及可移植性三个方面及 15 个质量特征对软件质量属性进行度量；1978 年 McCall 等人从软件产品修改性、产品适应性、产品可操作性三个方面界定并识别软件产品质量，并提出"质量要素—准则—度量"三层次质量模型框架，进一步细分了软件质量属性的特征，为软件产品的质量度量奠定了基础；此后的 1984 年，Basili 提出了范例度量模型（Goal-Question Metric，GQM），该模型将软件度量与项目和过程的预期目标结合在一起，开创了软件质量度量的新局面[87]；国际标准化组织 ISO 也多次提出了关于软件质量度量的相关报告，进一步促进了软件质量度量的发展。

软件质量度量始终贯穿于软件产品生命周期全过程，是一门重视理论与实践相结合的软件科学（Software Science），它的发展大致经历了三个阶段：

早期的软件质量度量是建立在结构化程序设计及模块化思想基础上的，通过对象的分析，实现操作复杂性、流程耦合、传递耦合等。主要分析的是复杂性度量，如文本复杂性[88]、结构复杂性[89]、数据结构复杂性、算法复杂性等。

20 世纪 90 年代后期，软件复用成为一种主流的软件开发方法，随之产生的面向软件复用的度量方法也成为一种主流方法，主要包括可复用性度量和复用度量[90]。可复用性度量主要根据系统中构件的质量及其可复用性来进行度量，而复用度量主要用来判断构件复用对于软件质量、开发时间、开发效率的影响，目前，还经常使用的模型主要是经济模型、复用比率模型、复用潜力度量模型和成熟度模型[85]。

进入 21 世纪，随着面向对象程序设计方法的普遍应用，软件质量度量的研究转向了面向对象的度量。一些方法得到了专家学者的认同并普遍使用，如预测点度量方法[91]、基于构件点的度量方法（SPECTRE 的方法）[92]、可重用组件的度量方法[93]、VSM 方法[94]、基于经验的面向对象度量方法[95]，从而使得软件度量研究获得了空前的发展。

总之，软件质量度量方法随着软件开发过程的发展而发展，且作为提高软件生产率和质量的工具，在企业软件项目管理及组织实施过程方面，正日益突显其重要作用。

2.4.2 软件质量度量的分类

从整体上来说，软件质量度量应该考虑以下三个方面的内容：

（1）软件功能与非功能的度量

软件的功能应该满足既定的用户需求，与设计开发初期用户需要满足的功能一致。同时，软件系统必须能够可靠的运行，具体表现在：在用户合法操作下能正确运行、能提示并排除相关非法操作、对各种意外事件做出相应反应等。这些功能性和非功能性都需要通过一定的方法和步骤进行度量。

（2）软件体系结构的度量

从软件体系结构的角度对软件质量的度量，是从软件自身结构出发的一种度量。随着软件越来越复杂，各种组件、模块越来越多，合理的软件体系结构是产生优质软件系统的必要条件，因此软件系统的结构合理、清晰，有利于软件开发设计者对软件进行修改、维护、升级等操作。怎样定量或定性的对软件体系结构进行度量，对于软件的设计、开发来说是至关重要的。

（3）软件开发标准与文档方面的度量

软件开发标准是否与软件规格说明书一致，是否能遵循软件开发准则，软件相关文档是否齐全，是否按照软件工程的方法开发软件，也是软件质量度量的一个方面。

上述三个方面是分别从软件用户、软件开发者、软件项目实施者三个角度对软件质量进行度量，它们不是孤立的，而是互相联系、相辅相成的。但是从终端用户的角度出发对软件质量属性进行评价，是本书研究的重点，因此，我们的软件质量度量，主要考虑的是软件的非功能性（质量属性）的度量。

从管理学的角度分析，软件质量度量可以分成软件过程度量、软件项目度量和软件产品度量三个层次。

（1）软件过程度量

软件过程度量是以软件过程的行为为管理目标，从宏观层面上对软件项目的设计、开发、实施过程进行战略调整，这是改善软件质量和控制组织性能的决定因素之一。图 2-11 表示组织有效性和软件质量的相关因素。

图 2-11 组织有效性和软件质量的因素

在图 2-11 中，过程位于图的中心位置，连接着客户特征、企业状况及开发环境三个对软件产品质量和组织性能有影响的因素，并直接影响了企业的产品、客户、技术等特性。有效地控制软件过程，能发现软件开发过程中不合理的因素并对其进行及时调整，从而大大提高软件的开发效率和开发质量。

在软件项目开发中，所有软件产品（包括需求分析文档、程序设计文档、源程序代码文档等）都是软件过程的产物，他们的特性（如软件需求获取的准确性、构件的重用情况、软件测试的缺陷数、运行时间的测度等）直接或间接地反映了软件过程是否合理。软件过程度量的结果直接反映了过程成熟能力，形成过程基线，并通过其进行横向对比，量化度量过程的改进幅度和效能。

（2）软件项目度量

软件项目是否进展顺利、能否在规定的期限内完成、软件开发成本是否能有效控制、软件配置管理的状态如何等问题，都是软件企业非常关心的。软件项目度量是针对具体开发的软件项目进行的度量，其目的是通过确定软件项目当前状态，评价、预测项目的质量，研究软件项目的可能发展态势。从根本上说，软件项目度量是在战术上对软件项目进行控制和调整，使管理者能够实时跟进项目工作进程及其相关技术活动。

软件项目度量在软件生命周期中有着极其重要的作用，一方面通过对项目实施调整，可以减少甚至避免可能存在的风险或者问题；另一方面在对软件项目进行度量的基础上评估软件产品质量，能在技术上改进并提高产品质量。Hetzel 于 1993 年提出了一个软件项目度量的模型，建议对每个项目进行测量，具体内容如表 2-3 所示。

表 2-3　Hetzel 度量模型的内容

度量	度量的内容
输入度量	项目所需各种资源的度量，如设备、人员等
输出度量	软件开发过程中中间产品（交付物或工作产品）的度量
度量结果	中间产品的有效性测量，提供有效性指标

（3）软件产品度量

软件产品的度量是对某单个软件产品的度量，通常它是根据既定的规则，对软件产品评审、走查、测试等各个环节的评价与分析，了解软件产品的质量，发现、修正并预防软件产品的缺陷和障碍，从而实现对软件产品质量过程的全面管理和控制。

根据度量的结果，产品度量可分为直接测量和间接测量。软件产品的直接测量主要包括软件产品的大小、运行速度、源代码运行情况及某一时间段内报告的缺陷等；间接测量包括安全性、可用性、可维护性、有效性等。软件产品度量量化了软件产品的特征，是对软件产品特性的规模和复杂性的度量。

由此可知，软件产品度量的综合就是软件项目度量，项目度量的结果就是过程度量。软件产品度量、软件项目度量和软件过程度量是紧密联系的，都是为了控制、提高软件产品质量。

2.4.3 软件质量度量的方法

软件质量度量是软件项目管理领域比较活跃的一个研究内容，到目前为止已有四十多年的研究历史了，软件质量度量方法主要有面向结构的度量方法和面向对象的度量方法两类。面向结构的软件质量度量方法主要对程序结构复杂性、计算复杂性等属性进行度量，比较有代表性的方法包括代码行度量法、环形复杂度度量、Halstead 度量法、熵度量、绝对和相对复杂性度量、信息流复杂性度量、功能点度量法等。近年来，面向对象技术得到了广泛应用，它强调对等实体之间的关系，与传统意义上的控制流所决定的结构化关系有所不同，因此度量方法也发生了很大改变。面向对象的软件质量度量方法主要对继承、类的方法数、类之间耦合、类的内聚性等属性进行度量，比较有代表性的方法有 C&K 度量方法和 MOOD 度量方法等。

2.4.3.1 面向结构的度量方法

（1）代码行度量法

代码行度量法基于两个前提假设：

①程序复杂性随着程序规模的增加而均衡地增长；

②规模分解可以简化复杂问题，即把一个大型的软件系统进行合理分解，变成若干个相对简单的小模块。

正是如此，代码行度量法通过统计一个程序的源代码行数，以源程序行数作为程序复杂程度的量度，源程序代码行数越多，则认为程序越复杂。

Thayer 曾指出，程序出错率的估算范围是 0.04% ~ 7%，即每 100 行源程序中可能存在 0.04~7 个错误。他还指出，每行代码的出错率与源程序行数之间不存在简单的线性关系。Lipow 指出，对于小程序，每行代码出错率为 1.3% ~ 1.8%；对于大程序，每行代码的出错率增加到 2.7% ~ 3.2%，这只是考虑了程序的可执行部分，没有包括程序中的说明部分。Lipow 及其他研究者得出一个结论：对于少于 100 个语句的小程序，源代码行数与出错率是线性相关的，但随着程序规模的增大，出错率以非线性方式增长。

（2）环形复杂度度量法

环形复杂度度量法也称 McCabe 度量方法，是 McCabe 在图论的基础上利用环数来度量软件的复杂度，根据程序控制流的复杂程度定量度量程序的复杂程度。该度量方法可以用来表示程序判定结构的复杂程度，但进行分析时必须对程序中复合条件进行分解，分解为单一条件之后再进行环的判断。为了突出表示程序的控制流，通常使用流图，它仅仅描绘程序的控制流程，完全不表现对数据的具体操作以及分支或循环的具体条件。计算环形复杂度的方法主要包括以下几种形式：

①流图中的区域数等于环形复杂度。

②流图 G 的环形复杂度 $V（G）=E-N+2$。其中，E 是流图中有向边的条数，N 是结点数。

③流图 G 的环形复杂度 $V（G）=P+1$。其中，P 是流图中判定结点的数目。

环形复杂度高说明程序结构复杂、难于测试与维护，程序可能潜在的错误与高的环形复杂度有很大关系。McCabe 经过大量研究后发现，环形复杂度高的程序往往是最困难、最容易出问题的程序，模块的环形复杂度小于 10 比较理想。

（3）Halstead 度量法

Halstead 度量法采用程序中运算符和操作数的总数来度量程序复杂程度，Halstead 度量如表 2-4 所示。

表 2-4　Halstead 度量

字符表示	度量含义	计算方法
n_1	The number of distinct operators	计算程序中不同运算符的个数
n_2	The number of distinct operands	计算程序中不同操作对象的个数
N_1	The total number of operators	计算程序中所有操作符的总个数
N_2	The total number of operands	计算程序中所有操作对象的总个数
N	Program length	$N=N_1+N_2$
n	Program vocabulary	$n=n_1+n_2$
V	Volume	$V=N\times\log_2（n）$
D	Difficulty	$D=\dfrac{n_1}{2}\times\dfrac{N_2}{n_2}$
E	Effort	$E=D*V$

预测的 Halstead 长度公式为 $H=n_1\times\log_2 n_1+n_2\times\log_2 n_2$。其中，$n_1$ 为运算符的数量（不同类型）；n_2 为操作对象的数量（不同类型）；H 为预测程序长度。实践表明，预测长度与实际长度非常接近。

尽管 Halstead 度量是目前最好的度量方法，但是它也有缺点：

①Halstead 度量只考虑了程序的数据流，并未考虑其控制流；

②Halstead 度量没有考虑到不同操作符对程序复杂度影响的差别；

③忽视了运算符的多重性；

④忽视了循环语句的影响；

⑤缺乏对软件人员和开发工具等因素的考虑。

结合 Halstead 模型存在的缺陷，提出下列修正方案：

①在统计 n_1、n_2、N_1、N_2 时，把非执行语句中出现的运算对象、运算符统计在内。

②对调用子程序的不同深度区别对待，在计算嵌套调用的运算符和运算对象时乘上一个调用深度因子；

③采用数据流+控制流模型进行修正。

2.4.3.2　面向对象的度量方法

近年来，面向对象技术得到了广泛应用，与传统意义上的控制流所决定的结构化关系有所不同，它强调对等实体之间的关系，因此度量方法也发生了很大改变。面向对象的软件度量方法主要对继承、类的方法数、类之间耦合、类的内聚性等属性进行度量，比较有代表性的方法有 C&K 度量方法和 MOOD 度量方法等。

（1）C&K 度量方法

1994 年 Chidamber 等人对面向对象的软件度量方法进行了深入

研究[96]，针对面向对象方法的特点，提出了基于继承数的一套面向对象的度量方法，即 C&K 度量方法。该方法是针对具体的类的度量，主要包含每个类的加权方法（Weighted Methods per Class，WMC）、方法中的类内聚缺乏度（Lack of Cohesion in Methods，LCOM）、类的响应（Response For a Class，RFC）、继承树的深度（Depth of Inheritance Tree，DIT）、对象类之间的耦合（Coupling Between Object classes，CBO）、孩子的数量（Number of Children，NOC）6 个度量指标。C&K 度量方法各指标含义及应用意义如表 2-5 所示。

表 2-5 C&K 方法的度量指标

度量指标	定义	应用意义
每个类的加权方法（WMC）	设类 C 中 n 个方法 M_1，…，M_n，M_l，…，M_n 的复杂度分别为：C_1，…，C_n，C_l，…，C_n 则 $MMC = \sum_{i=1}^{n} C_i$	1. 揭示了开发和维护类的时间和精力； 2. 类的 WMC 越大对子类的可能影响越大，其通用性和可复用性就越差
方法中的内聚缺乏度（LCOM）	设类 C 中有 n 个方法 M_1，…，M_n。设 $\{I_i\}$ = 被方法 M_i 使用的实例变量集合 $P = \{(I_i, I_j) \mid I_i \cap I_j = \varnothing\}$ $Q = \{(I_i, I_j) \mid I_i \cap I_j \neq \varnothing\}$ 则 $LOCM = \|P\| - \|Q\|$，当 $\|P\| > \|Q\|$ 时，$LOCM = 0$，否则如果 $I_i \cap I_j = \varnothing$，方法 M_i 与 M_j 为无关方法对，否则为有关方法对	1. $LCOM$ 越大，意味着类可以分裂成两个或更多的子类； 2. $LCOM$ 大会增加类复杂度，在开发过程中出错的可能性越大
继承树的深度（DIT）	从结点到树根的最大长度	1. DIT 越大，表示它的可能继承方法数目大，复用程度高，但预测它的行为将更困难； 2. 继承树越深，设计越复杂
对象类之间的耦合（CBO）	一个类的 CBO 是它与别的有耦合关系的类的数目	1. 对象类之间过多的耦合对模块化设计和重用是有害的； 2. CBO 越大，设计中对另一部分的敏感越大，因此维护越难

度量指标	定义	应用意义
类的响应（RFC）	对象类的响应集合＝｛所有可以被调用的对消息响应的方法的集合｝ RFC＝｜Rs｜，Rs 是该类的响应集合	1. RFS 越大，意味着该类测试和调试将更负责； 2. RFS 越大，类的复杂度越大
孩子的数量（NOC）	NOC＝继承树中的一个类的直接孩子的数目	1. NOC 越大，重用越好； 2. NOC 越大，表示该类在设计中有很大影响，此类应成为测试重点； 3. NOC 越大，父类的不适当抽象的可能性越大

（2）MOOD 度量方法

MOOD 度量方法[97]由 Fernando Brito E. Abreu 等人于 1996 年提出，该方法从继承性、封装性、多态性和耦合性 4 个方面定义了 6 个度量指标。

度量指标之一：方法隐藏因子（Method Hiding Factor，MHF）。

在 MOOD 度量方法中，方法隐藏因子是进行数据封装性度量的两个度量指标之一。方法隐藏因子定义如下：

$$MHF = \frac{\sum\limits_{i=1}^{rc} \sum\limits_{m=1}^{M_d(c_j)} [1-V(M_{mi})]}{\sum\limits_{i=1}^{TC} M_d(C_i)} \qquad (2-1)$$

$$V(M_{mi}) = \frac{\sum\limits_{j=1}^{TC} is\_\ visible\ (M_{mi},\ C_j)}{TC-1} \qquad (2-2)$$

$$is\_\ visible\ (M_{mi},\ C_j) = \begin{cases} 1 & iff \begin{cases} j \neq i \\ C_j\quad may\quad call\quad M_{mi} \end{cases} \\ 0 & otherwise \end{cases} \qquad (2-3)$$

其中，TC 是系统中类的总数目；$M_d(C_i)$ 表示类 C_i 中的方法数。

度量指标之二：属性隐藏因子（Attibute Hidng Factor，AHF）。

在 MOOD 度量方法中，属性隐藏因子是进行数据封装性度量的两个度量指标之一。属性隐藏因子定义如下：

$$AHF = \frac{\sum\limits_{i=1}^{rc} \sum\limits_{m=1}^{A_d(c_i)} [1-V(A_{mi})]}{\sum\limits_{i=1}^{TC} A_d(C_i)} \tag{2-4}$$

$$V(A_{mi}) = \frac{\sum\limits_{j=1}^{TC} is\_visible(A_{mi}, C_j)}{TC-1} \tag{2-5}$$

$$is\_visible(A_{mi}, C_j) = \begin{cases} 1 & iff \begin{cases} j \neq i \\ C_j \quad may \quad call \quad A_{mi} \end{cases} \\ 0 & otherwise \end{cases} \tag{2-6}$$

其中，$A_d(C_i)$ 为类 C_i 中的属性数。

度量指标之三：方法继承因子（Method Inheritance Factor，MIF）。

在 MOOD 度量方法中，方法继承因子是进行继承性度量的两个度量指标之一。方法继承因子定义如下：

$$MIF = \frac{\sum\limits_{i=1}^{TC} M_i(C_i)}{\sum\limits_{i=1}^{TC} M_a(C_i)} \tag{2-7}$$

$$M_a(C_i) = M_d(C_i) + M_i(C_i) \tag{2-8}$$

其中，$M_i(C_i)$ 表示被类 C_i（$i=1, \cdots, n$）继承下来的方法数，$M_a(C_i)$ 表示类 C_i（$i=1, \cdots, n$）中可以调用方法的数。

度量指标之四：属性继承因子（Attribute Inheritance Factor，AIF）。

在 MOOD 度量方法中，属性继承因子是进行继承性度量的两个度量指标之一。方法继承因子定义如下：

$$AIF = \frac{\sum\limits_{i=1}^{rc} A_i(C_i)}{\sum\limits_{i=1}^{rc} A_a(C_i)} \tag{2-9}$$

$$A_a \ (C_i) \ = A_d \ (C_i) \ + A_i \ (C_i) \qquad (2-10)$$

其中，$A_i \ (C_i)$ 表示被类 $C_i \ (i=1, \ \cdots, \ n)$ 继承下来的方法数，$A_a \ (C_i)$ 表示类 $C_i \ (i=1, \ \cdots, \ n)$ 中可以调用方法的数。$A_d \ (C_i)$ 表示类 $C_i \ (i=1, \ \cdots, \ n)$ 中属性数。

度量指标之五：耦合因子（Coupling Factor，CF）。

在 MOOD 度量方法中，耦合因子是用来进行耦合性度量的度量指标。耦合因子定义如下：

$$COF = \frac{\sum_{i=1}^{rc} (\sum_{j=1}^{TC} is\_client \ (C_i, \ C_j))}{TC^2 - TC} \qquad (2-11)$$

$$is\_client \ (C_c, \ C_s) \ = \begin{cases} 1 & iff \ C_c \Rightarrow C_s \wedge C_c \neq C_s \\ 0 & otherwise \end{cases} \qquad (2-12)$$

其中，$TC^2 - TC$ 表示具有 TC 个类的系统的最大耦合度。

度量指标之六：多态因子（Polymorphism Factor，POF）。

在 MOOD 度量方法中，多态因子是用来进行多态性度量的度量指标。多态因子定义如下：

$$POF = \frac{\sum_{i=1}^{TC} M_o \ (C_i)}{\sum_{i=1}^{TC} [M_n \ (C_i) \ \times DC \ (C_i)]} \qquad (2-13)$$

$$M_d \ (C_i) \ = M_n \ (C_i) \ + M_o \ (C_i) \qquad (2-14)$$

其中，$M_o \ (C_i)$ 表示类 $C_i \ (i=1, \ \cdots, \ n)$ 中重载方法数，$DC \ (C_i)$ 表示类 $C_i \ (i=1, \ \cdots, \ n)$ 的所有子类数，$M_n \ (C_i)$ 表示 $C_i \ (i=1, \ \cdots, \ n)$ 中定义的新方法数。

2.4.4 软件质量度量的过程

科学、合理的软件质量度量过程，是软件质量度量结果正确的客观保障。从用户需求出发，结合 IEEE（1061—1992、1993）"软件质量度量方法论标准"，将软件质量度量分成五个阶段：

阶段一：确定软件质量度量的需求。

这是软件质量度量的前提和基础。确定软件质量度量的需求主要是在获取软件设计开发者及用户需求的基础上，构建可能的影响软件质量的因素集合。

阶段二：准备度量。

在这个阶段，主要是将软件质量属性采用层层细分的方式分解成能直接度量的度量元。某些软件质量属性及子属性所描述的软件质量可能是无法直接度量的，需要采用一定的方法、步骤进一步分解。

阶段三：执行度量。

软件质量属性的度量，严格意义上说可以分成两步。第一，数据采集过程：通过定义数据采集的目标，有针对性地提出相关问题，对数据信息进行收集，从根本上保证数据的正确性、精确性和客观性。第二，度量方法的应用过程：软件度量方法在经历了面向结构的度量方法、面向软件复用的度量方法后，现普遍采用面向对象的度量方法。同时，不同的度量角度，度量方法可能存在很大的不同，例如，对于软件设计开发者来说，他们可能从软件的体系结构方面进行度量，这种度量，可能更多地涉及软件自身层次结构、构件的组成与复用等方面；对于软件项目管理者而言，他们更多的是从项目本身的执行、项目开发标准、文档等方面的度量；而对于软件用户来说，他们可能更看重软件质量属性的实现，反映了他们的使用体验。

阶段四：分析度量结果。

这个阶段主要是分析度量结果与目标值之间的差别，确定那些不能被接受的度量值，分析数值偏离目标值的度量元，并根据分析结果对软件进行修改。

阶段五：验证度量。

验证度量是根据相关的验证方法和标准，确定软件质量属性样本与度量样本的区别，并运用统计学方法进行分析，以期实现让软件度量成为软件质量特性预报器的目的。

整个度量过程如图 2-12 所示。

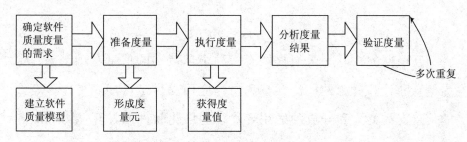

图 2-12 软件质量度量过程

第三章 可信软件质量属性 评价方法与建模

　　互联网的普及为人们提供了一种全球范围的信息基础设施，也为信息和计算资源的广泛共享和协作应用提供了可能。得益于庞大的信息支撑资源和开放的适用环境，网络化软件的计算能力和服务水平得到了质的飞跃，越来越多体系结构复杂、规模庞大且动态可扩展的软件系统被部署到金融、商务、医疗、教育、科技等关系到国家经济和社会发展安全的应用领域中。与传统封闭环境下的软件系统不同，网络环境下的软件系统正在从封闭静态的计算环境向开放动态的计算环境、从一蹴而就式的系统开发到螺旋上升式的社会化协作实现、从固定单调的服务内容到丰富可定制的服务内容转变，且具有体系结构复杂、数据规模庞大、运行轨迹非线性等特征，这些都将给网络环境下的软件可信性问题研究带来巨大挑战[98]。

　　互联网的开放性和社会性，使得在此环境下运行的软件系统除考虑实体自身的安全性、可靠性、可用性等可信属性（系统级可信）之外，还需关注基础运行环境的可信性（平台级可信）和人机交互过程中服务的可信性（服务级可信），也就有必要拓展传统软件可信性概念的内涵与外延。如果将软件的可信性程度简单地划分为：未知（不可量度）、不可信、较可信、可信四个层级，在平台级、系统级和服务级三个维度上，可以抽象得出如图 3-1 所示的软件可信性多维度综合评价等级。随着人们认知能力的不断提升以及计算模式的日趋复杂，越来越多影响软件运行结果的关键因素将会被发现，软件可信性的内涵和外延也将被不断地拓展。

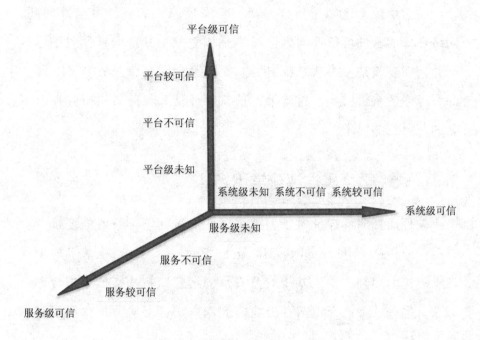

图 3-1　可信软件可信性的多视角分析

　　和传统的软件内在质量类似，系统级可信依赖于软件实现过程中对用户功能性需求的满足，需要在设计、实现、测试和构造等阶段，通过运用自动测试、形式化验证和容错设计等软件开发技术，增强系统的抗风险和容错能力，提升系统运行的安全性、可靠性与可用性。平台级可信是指与软件运行结果相关的基础支撑平台的总体可信性状况，包括网络、硬件设备、数据、外部系统等环境实体。在系统实施或部署阶段，平台级可信的评估与监管是保障软件运行可信的关键问题。服务级可信是指从软件服务能力的视角,考察软件的运行结果是否总能满足用户的预期,它主要关注在人—机—人的交互过程中,人与人、人与软件系统、软件系统与软件系统之间的相互信任情况。

综上所述,区别于传统封闭、静态环境下的软件可信性问题,网络环境的软件可信性问题已经不是孤立的单维度的软件质量分析问题,而应该是一个从系统自身、支撑平台和运营服务等多个视角综合考察的有机整体,这就给可信软件评估和保障方法研究提出了新的、更高的要求。

3.1 软件质量属性评价常用方法

软件质量属性评价属于一种多属性决策问题,一般的度量方法有层次分析法(the Analytic Hierarchy Process, AHP)、基于效用和证据理论的评判方法、基于对象属性的组合赋权法、模糊综合评判方法,等等。下面介绍两种经典的度量方法:层次分析法和模糊综合评判法。

3.1.1 层次分析法

AHP 方法最早是 1977 年由美国运筹学家 T. L. Saaty 教授提出来的,是一种解决多目标复杂问题的定性与定量相结合的属性决策分析方法[99]。

层次分析法的原理是将一个实体根据它所要达到的预期目标分解成不同的组成因素,这些组成因素之间存在着直接或者间接的关联或者具有不同的隶属关系,最终形成一个由最底层到最高层的层次结构模型,从而将这一实体的度量转化为层次结构模型中最底层因素的度量。然后根据权重来确定最底层因素相对于最高层目标的重要程度[100,101]。

AHP 的步骤分为六个步骤，具体流程如图 3-2 所示。

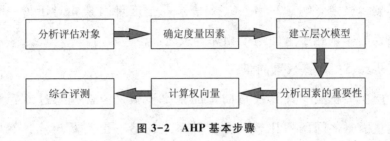

图 3-2 AHP 基本步骤

步骤 1：分析评估对象

根据评估对象的性质以及评估对象所要达到的预期标准，分析可能会影响评估对象的因素，以及各个因素之间有什么样的联系，为确定度量因素做准备。

步骤 2：确定度量因素

根据步骤 1 的结果来确定层次结构中的各个组成因素。并对各个组成因素有非常充分的理解，理清各个因素之间的从属关系。

步骤 3：建立层次模型

根据步骤 2 确定的度量因素，将评估对象分解为若干层，建立一个由最高层（目标层）、若干属性层、方案层组成的层次结构模型。目标层只有一个因素，属性层可以有一层或者若干层。在分解层次时注意比较度量因素之间的强度关系，相差太悬殊的度量因素不能放在同一层进行比较。

步骤 4：分析因素的重要性

通常在比较因素之间的重要性时采用 Saaty 提出的判断矩阵法，判断矩阵法是把两种度量因素两两相互比较的方法，表示本层的度量因素相对于它所从属的上一层因素的相对重要性的比较。判断矩阵元素通常取 1、3、5、7、9 及其他们的倒数，其含义分别是一个度量因素比另一个度量因素具有相同影响、稍强影响、明显影响、强影响、极强影响。2、4、6、8 表示一个度量因素相对于另一个度量因素的影响介于上面两个相邻等级之间。

步骤 5：计算权重向量

层次分析法中计算权重向量的主要步骤是：首先通过专家来判断度量因素之间两两比较的重要关系来构造一个判断矩阵，然后解出判断矩阵的最大特征根和特征向量，再对判断矩阵进行一致性检验，如果判断矩阵的一致性是符合预期的，那么权重向量就成立，如果判断矩阵的一致性是不能接受的，那么就需要重新来构造判断矩阵，直到一致性检验结果能够接受为止。

步骤 6：综合评测

根据所确定的权重向量以及度量值来综合评判目标层的度量值。

层次分析法的优点主要是在于既能进行定量分析，又能进行定性分析，而且能够很直观地体现度量指标体系，比较容易理解，能够被很好地掌握。但是层次分析法也有自己的缺陷和不足之处，层次分析法中的判断以及结果都不是通过精确计算所得，通常层次结构模型的建立受主观影响比较大。

3.1.2 模糊综合评判法

模糊综合评判是一种基于模糊数学的综合评价方法，利用模糊集理论对受到多种因素制约的事物和现象在一种模糊的环境下作出一个总体综合评价。模糊综合评价的数学模型可分为一级模型和多级模型。在因素不多的情况下，一般采用一级模型，但是对于因素较多而且因素之间存在较为复杂的关系时，一般采用多级模型。且多级模型比一级模型的精确度要高。

模糊综合评判的特点就在于评判是对于被评价对象进行，对被评价对象有唯一的评判值，综合评判的目的就是从评价对象集中选出较为优胜的对象。模糊综合评判比较注重因素集、评价集、权重集和因素综合评价四个要素。一般来说多级模糊综合评判模型的建立分为以下几个步骤：建立因素集、确定评价集、建立权重集、单因素综合评判、多级模糊综合评判、对评判指标进行处理。如图 3-3 所示。

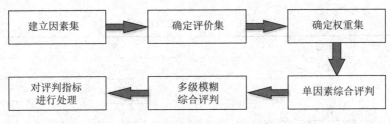

图 3-3　模糊综合评判法步骤

（1）建立因素集

因素集是影响被评价对象的各种因素组成的集合。一般来说因素集表示为 $U = \{u_1, u_2, \cdots, u_n\}$，其中 $u_1, u_2, \cdots, u_n$ 表示评估对象的 n 个因素子集，$n > 1$。将 $u_1, u_2, \cdots, u_n$ 进一步划分可以得到下一级的因素子集，分别为

$$u_1 = \{u_{11}, u_{12}, \cdots, u_{1m}\}, \ m \geq 1;$$

$$u_2 = \{u_{21}, u_{22}, \cdots, u_{2k}\}, \ k \geq 1;$$

$$u_3 = \{u_{31}, u_{32}, \cdots, u_{3h}\}, \ h \geq 1;$$

$$\cdots\cdots$$

$$u_n = \{u_{n1}, u_{n2}, \cdots, u_{nl}\}, \ l \geq 1_\circ$$

（2）确定评价集

评价集一般是指评价者对评价对象可能做出的各种评价结果所组成的集合。评价集用 V 来表示，即 $V=\{v_1,\ v_2,\ \cdots,\ v_n\}$，$v_1$，$v_2$，$\cdots$，$v_n$ 表示评价结果总共有 n 个，而具体等级是根据最后一级指标的等级来确定的。通常评语制有三级评语制、五级评语制、七级评语制和九级评语制，一般采用五级评语制，分别为优秀、良好、合格、较差和差五个等级，具体的评语描述如下：

$V=\{v_1（优秀），v_2（良好），v_3（合格），v_4（较差），v_5（差）\}$

对应的隶属度描述如表 3-1 所示。

表 3-1　评价集对应的隶属度

等级	隶属度
优秀	$0.85 \leqslant \mu < 1$
良好	$0.70 \leqslant \mu < 0.85$
合格	$0.60 \leqslant \mu < 0.70$
较差	$0.40 \leqslant \mu < 0.60$
差	$0 \leqslant \mu < 0.40$

（3）确定权重集

各个因素在综合评价中的比重是不同的，通常我们称这个比重为权值。权值通常用 w 表示，即 $w=\{w_1,\ w_2,\ \cdots,\ w_n\}$，其中 $0 \leqslant w_i \leqslant 1$，$\sum_{i=1}^{n} w_i = 1$。

（4）单因素综合评判

确定因素集 U 对评价集 V 的隶属度 r_{ij}，得到与因素集 U 对应的单因素关系矩阵 R。

（5）多级模糊综合评判

在进行多级模糊综合评判时，选择出适合的合成算子，将评判矩阵 A 与单因素关系矩阵 R 进行有效合成，最终得到模糊综合评价的最终向量。

（6）对评判指标进行处理

通常采用最大隶属度法、加权平均法和模糊分布法对模糊综合评判的结果进行处理。

模糊综合评判法能够很好地将一些比较模糊、不容易直接度量的指标评分，从而更加接近于实际，降低主观因素和不确定因素。但是模糊综合评判法在评估因素过多时，计算会比较烦琐。

3.2 可信软件质量属性评价应用系统建模与框架设计

面向可信评估管理的软件质量属性评价应用系统，主要采用证据推理和效用理论等方法，为用户的可信性评估与分析提供辅助决策功能，是一种集成化的智能系统。通过对评价过程的深入分析，一个软件质量属性评价应用可以被划分为多个相互独立的任务，需要通过调用系统中的内在模块协作求解。该系统的用户可以包括软件开发人员、评估专家、领域专家/利益相关者、潜在客户等。

作为一个抽象的系统模型，有必要对系统的体系架构和执行机理展开分析。软件质量属性评价应用系统的体系结构如图 3-4 所示。位于模型上方的模块执行需要用户的参与，而其他的模块则以触发模式执行。该系统主要包括：软件质量属性评价请求模块、质量属性构造器、数据采集器、评价规则构造器、评价数据转换器、证据合成器、决策求解器和质量属性评价结果发布器。质量属性评价数据库用于存储和维护与可信软件质量属性评估分析相关的所有数据，如评估数据、指标系统、人员信息等。

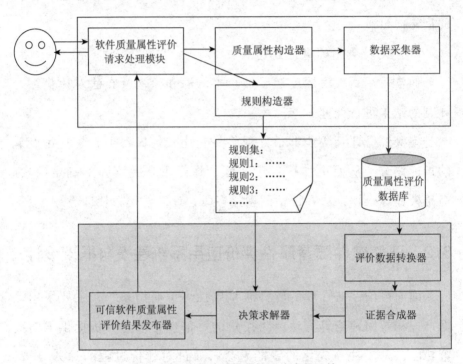

图 3-4　可信软件质量属性评价应用系统

　　请求处理模块可以对用户发布的 STE 请求进行识别，方便系统提供有针对性的可信性评估支持。STE 请求用于在系统中触发一个评估流程，可以被定义为 $E = \{ProcessID, T_{req}, DMAX, K_{ka}\}$。其中，$ProcessID$ 是唯一标识请求的序号，T_{req} 表示请求服务的类型，$DMAX$ 表示该请求的最迟响应时间，K_{ka} 表示来自于可信第三方的数字验证码。

　　可信软件质量属性评价系统的时间状态机模型如图 3-5 所示。请求模块可以识别质量属性评价和规则建立等两类用户请求信息。

对评价请求（即 $T_{req} = 1$），该请求将会要求用户提供一个完备、确定的 TEIS。一旦数据采集器感知或捕获所有必需的评估数据后，转换器可以对原始数据进行预处理（通过包括多量纲一致处理、可靠性处理等）。在合成器和决策求解器的帮助下，发布器可以将模型估算的结果，如质量属性合成结果、评价等级、排序信息等，及时发布给用户。对规则建立请求（$T_{req} = 2$），规则构造器将会支持用户完成对可信软件质量属性决策规则集的建立。

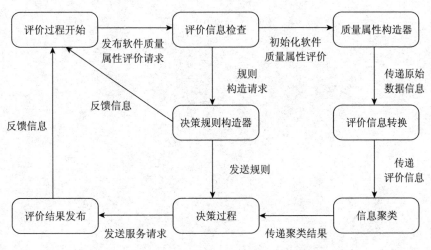

图 3-5　可信软件质量属性评价系统的时间状态机模型

3.3　本章小结

本章系统介绍了可信软件质量属性评价方法及评价应用系统建模与框架。

由于可信软件质量属性的评价是一种典型的多属性评价，在评价方法上，一般采用层次分析法、模糊综合评判法等相关方法，通过评价指标体系的构建完成对质量属性的评价。面向可信评估管理的软件质量属性评价应用系统，主要采用证据推理和效用理论等方法，为用户的可信性评估与分析提供辅助决策功能，这是一种集成化的智能系统。通过对评价过程的深入分析，一个软件质量属性评价应用可以被划分为多个相互独立的任务，通过调用系统中的内在模块协作完成求解。

第四章　基于用户需求的可信软件
质量属性的生成

　　基于用户需求的可信软件必须能有效联系用户个性化需求与软件可信性。不同的软件用户、不同的软件应用领域、运行环境对软件质量属性的需求不同，从而产生了用户需求对可信软件质量属性生成、评价的研究。

　　本章试图为后续章节的评价方法研究提供用于评价、满足用户需求与软件可信性的指标体系。正是基于此，本章研究了用户需求的表达、需求的本体生成及影响软件可信性的质量属性，并通过建立可信软件质量属性证据模型、质量评价体系，产生相应的可信软件质量属性评价指标体系。这种可信软件质量属性生成方法，既满足了软件用户的需求，又便于软件用户及设计开发者对可信软件质量属性的设计、开发、测试及评价。

4.1　用户需求本体提取

4.1.1　用户需求表达

　　软件用户对软件质量属性的需求是软件产品设计的最初信息来源。用户需求经过分析、提取、聚类，可以降低软件质量需求的多样化，便于软件项目的开发。

若设计软件产品时，获得 t 个用户的 m 个软件质量需求，这些需求经过聚类、模糊转化和用户满意度的计算后表达为用户需求域：$R=\{R_1,\ R_2,\ \cdots,\ R_n\}$，$n\leqslant m$。对每一类的用户需求可以表达为 $R_i=\{R_{i1},\ R_{i2},\ \cdots,\ R_{ir}\}$，$i\leqslant n$，则聚类后的用户需求 R 可以表达为

$$R_{ij}=\begin{bmatrix} Q & V & T \end{bmatrix}$$

其中，Q 为聚类后用户需求的质量属性名称；V 为聚类后质量需求的值；T 为聚类后用户需求的类型。

满足用户需求是可信软件非功能需求设计与开发的关键，而用户需求表达的规范化和标准化，有利于预测与实现用户需求域的直接映射，精准捕获用户需求，从而提高软件产品的开发速度和用户满意度。

4.1.2 用户需求的本体生成

用户需求的生成是软件设计开发的第一个阶段，也是最重要的阶段。现今主要采取用户需求信息的识别与软件构件智能匹配的方法，通过构建匹配函数，建立用户需求与预测的用户需求本体的映射，生成满足用户需求的软件构件本体，这是一个不断检索的过程。

具体映射过程如图 4-1 所示，这里我们对图中的参数、函数进一步说明：

输入：用户对软件产品质量属性需求，即用户需求。

输出：满足用户需求的构件。

映射函数 f_1：将用户对软件质量属性需求的名称转化为预测用户需求本体中的概念名称，这是一种名称相似度的计算函数。

映射函数 f_2：将用户所需求的软件质量属性与预测的用户需求进行映射，这是一种确定需求值域区间的相似度计算函数。

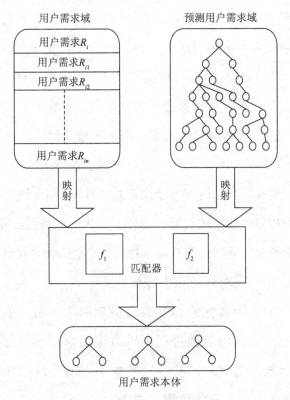

图 4-1　用户需求本体生成过程

其具体映射过程如下：

第一步：用户需求名称的匹配。

聚类后，用户需求已经完成了初步的规范化和标准化，用户对可信软件质量属性需求的表达可以看作是用户需求的知识表达。每个聚类后的质量属性实际上是一个用户需求群，要快速、准确地实现用户需求的配置，就要知道用户需求所对应的相关构件信息。由于现今软件的设计开发大多是基于构件的软件体系结构，构件是为了满足软件产品功能需求和非功能需求而建立的，因此，用户需求可以直接对应于相应的构件。这样，需求名称的匹配，就是为了确定用户需求本体在预测需求本体中的映射关系。

在映射中，采用关键词来表示匹配的用户需求。与传统的检索模型不同，可以引入本体映射函数，将查询结果转化为预测用户需求本体中的概念（如同义、相近、相关概念等），这是一种在知识语义层上的搜索和推理过程，从而保证了用户需求查询的规范化及合理化。

如果用户需求信息与预测的客户需求不能映射，则该轮匹配结束，重新进入下一轮需求匹配；当然，也可以通过调整阈值的大小、松弛约束的方法来实现匹配。同时，由于用户对软件每一个质量属性的需求权重不同，从而相对于整个质量属性而言，某些质量属性的需求权重非常小，所以，不能映射匹配的用户需求并不会完全影响软件质量属性。

第二步：用户需求属性值的匹配。

预测用户需求的属性值包括所有可能的用户需求值。在确定预测的用户需求后，在构建的过程中可以将用户需求进行分类以加快检索速度，例如，当规定因软件失效所引起的系统错误的概率不能超过3‰时，在完成检索的预测用户需求后，还需要用户需求属性的进一步划分，即通过属性值的映射，以获取用户需求的本体表达。

第三步：获得预测用户需求本体。

根据匹配器中的映射结果，可以获得与用户需求相同或相近的预测用户需求本体。由于预测的用户需求本体与实现需求的构件本体之间存在映射关系，系统的规则库会根据生成的用户需求本体实现软件产品的智能匹配。

4.2 影响软件可信性的质量属性

在第三章，我们定义了软件可信性，认为软件可信性是软件的一种能力，是软件的行为和结果总是能符合用户预期，在受到各种干扰时仍能提供连续服务的能力。也明确了本书所定义的质量属性。那么，哪些质量属性影响了软件可信性呢？要回答好这个问题，我们需要解决以下三个问题：

①怎样描述软件的行为及结果？

②怎样描述用户对软件行为及结果的预期？

③怎样判断软件可信性的度量值与用户预期度量值之间的符合程度？

软件的行为及其产生的结果通常可以通过定义一组适当的属性来表达，[102]同样的，软件在受干扰时仍能提供连续服务的能力，也可以通过一组属性来描述，为此，我们可以这样认为：软件可信性可以通过一组属性以及用户在这组属性上的预期来共同描述。

目前首要解决的问题是用哪些质量属性来描述软件的可信性，也就是说选择哪些属性作为软件可信性的评估指标，即可信软件质量属性评价指标的构建问题，这是评价过程中的一个关键问题。

分析文献【28，103~116】的软件可信性指标体系构建方法，可以将之分成两种方式：第一种方式是根据用户的需要实时、动态构造指标体系，这主要是由于不同的软件应用于不同的领域，其用户需求可能是完全不同的。同时，同一软件在不同的运行环境也可能具有不同的动态需求，如文献【103，104】就是采用了这种方式构建指标体系。当然，这种方式构建的指标体系，能反映指标体系动态、灵活的特征，满足了用户的需求，但有可能导致它们不能给出可信软件质量属性应该包含的某些主要的、必需的指标，如可靠性、可维护性等，从而使得评价体系不够完整，其评价结果也存在很大的误差。第二种方式是从属性的角度，事先给定软件可信性的指标体系，如文献【28，105~116】，这是一种通过对高层次属性的层层分解，而获得低层次或者更低层次属性的构建方法。与第一种方式相比，这种方式相对比较规范，能够适用绝大部分可信软件质量属性的一般评价，但是不能反映用户的个性化需求及软件运行的动态特征。

结合上述两种构建软件可信性指标体系的优点，本书采用一种折中的办法来解决这个问题，将影响软件可信性的质量属性分成两类：关键属性和非关键属性。关键属性是指满足软件可信性所必须具备的属性；非关键属性是指能满足用户需求特征的、反映不同软件自身特点的、除关键属性外还可能需要具备的其他属性。在构建可信软件质量属性评价体系时，既要包含关键属性，也要包含部分非关键属性，以弥补上述两类构造方法的不足。

这样，确定可信软件的关键属性和非关键属性就是我们接下来要解决的问题。

根据可信软件的定义，我们可以这样理解：能体现并阐述"软件的行为和结果"并"在受到各种干扰时仍能提供连续服务"的质量属性，是关键属性，因为这些特征描述了软件的行为、结果及抗干扰的能力，是软件可信性的具体体现；而能够体现、描述"其行为和结果总是能符合用户的预期"的属性，则反映了用户的需求特征及不同软件自身的特点，我们定义这些属性为非关键属性。

我们可以通过 2.2.1 节可信软件的界定中提及的、体现软件可信性的术语 Trusted、Dependability、High Confidence 和 Trustworthy 中所涉的属性来描述软件的行为及其结果，具体如表 4-1 所示。

表 4-1　与可信相关定义涉及的质量属性

	Trusted	Depend-ability	High Confidence		Trustworthy			
			NSTC	陈火旺	微软、太阳微	NSF	德国 Trustsoft	刘克
可用性	√	√	√	√	√	√	√	√
完整性	√	√	√	√	√	√	√	√
机密性	√		√	√	√	√	√	√
可靠性		√	√	√	√	√	√	√
防危性		√	√	√		√		
可生存性			√	√				√
可维护性		√	√		√			√
私密性						√		
容错性				√				
实时性								√
性能					√		√	
正确性						√	√	√
保密性				√			√	

综合上述思想及其文献【16～28】的具体内容，我们认为安全性包括机密性、私密性和完整性三个方面；容错性是可靠性的一个子特征；可用性是一个重要的关键属性。同时，我们认为防危性是涉及安全领域软件的一个重要指标，实时性是用户对软件运行速度的要求，而对硬件要求特别高的软件才会对系统性能有具体的要求，这些属性都是面向用户特殊需求的。为此，我们认为这三个属性不是可信软件系统的关键属性，而属于非关键属性的范畴。

此外，Elhson 等认为系统在遭受外部攻击、失效、操作错误、偶然事故时还能及时完成其任务的能力，是系统可生存性的表现[117,118]。这里的外部攻击，是指敌对用户精心策划的、有组织、有预谋的对软件系统进行破坏性事件；失效是软件系统本身存在故障、缺陷等隐式问题，是外部因素所引起的系统潜在性破坏事件；操作错误是由于软件用户的操作不当所引起的系统潜在性破坏事件；偶然事故是一系列随机发生的、并可能对系统产生破坏性的事件。外部攻击、失效、操作错误、偶然事故都是系统受到干扰的一种具体表现。由此可知，可生存性能刻画软件系统在受到干扰时，是否能提供服务的一种能力，它应该是关键属性之一，同时，安全性、易恢复性及功能准确性等是其子属性。

这样，可靠性、可生存性、可用性及可维护性四个属性可以完整表达软件可信性，它们是关键属性，其他属性是系统的非关键属性。这些属性可以通过多个子属性来刻画。图4-2表示了可信软件系统的关键属性和非关键属性。

下面定义各关键属性及其子属性：

（1）可生存性：当受到攻击或者遭受故障、缺陷时，软件系统能提供一定时间的连续服务或在规定的时间内恢复其服务的能力。

①安全性：软件具有防止数据丢失、防止非法访问系统功能、防止病毒入侵、防止私人数据进入系统的能力；

②易恢复性：被攻击后，软件具有恢复服务的能力。

（2）可用性：依据设计要求，软件系统满足用户使用要求的能力，包括适应性、互操作性、易理解性和功能准确性。

①适应性：软件具有适应新环境（或语义环境）的一种能力，具体来说是从一个环境（或语义环境）移植进入另一个环境（或语义环境）的能力；

②互操作性：软件系统与其他系统耦合的能力；

③易理解性：对于软件评审人员而言，实现软件系统的代码清

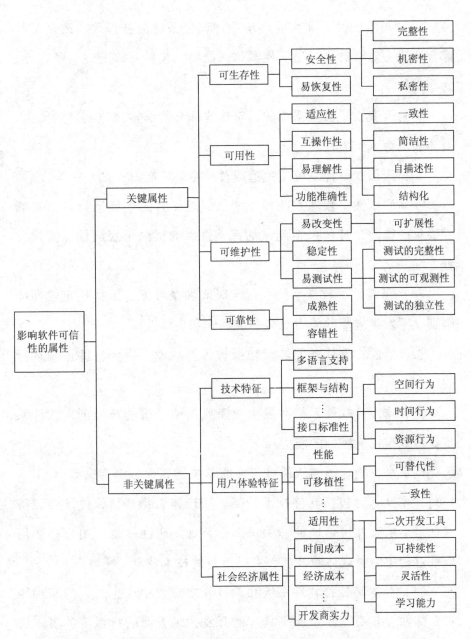

图 4-2　影响软件可信性的质量属性

晰，便于理解；包括一致性、简洁性、自描述性和结构化四个特征；
④功能准确性：软件系统的功能能满足设计规格说明的程度。

（3）可维护性：在人为环境下，软件系统能被修改、改正各种隐含缺陷，对软件进行适应性调整的能力，包括易改变性、稳定性、易测试性。

①易改变性：软件系统的指定修改部分能够被修改实现的能力，具体表现为可扩展性；

②稳定性：软件系统避免造成意外结果的能力；

③易测试性：软件系统便于测试，确保其无差错运行并满足软件要求的能力，具体包括测试的完整性、测试的可观测性、测试的独立性。

（4）可靠性：软件系统在规定时间和条件下，维持规定的性能级别、不发生故障的能力。包括成熟性和容错性。

①成熟性：软件系统能成功抵御各种故障，确保软件正常运行的能力；

②容错性：软件系统在发生故障或其他错误的环境下，软件系统保持规定性能级别的能力。

接下来，确定影响软件可信性的非关键属性。综合文献【119~123】，本文认为包括软件技术特征、用户体验特征、软件社会经济属性是影响软件可信性的非关键属性，这些属性体现了用户在使用软件过程中的主观体验及软件产品本身的技术特点。

（1）技术特征：软件系统在设计开发过程中产生的，为实现用户功能性、非功能性需求所具有的开发技术方面的特点，如多语言支持、框架与结构、接口支持、评估与版本、数据安全性、外部连接线，等等；

（2）用户体验特征：是用户在软件使用过程中，感受到的软件本身所具备的、满足用户特定需求的特征，如软件性能、便携性、接口交互性等；

（3）社会经济属性：是影响软件产品生成的社会、经济因素，如软件开发时间成本、经济成本、开发商实力等。

4.3 基于用户需求的可信软件质量属性评价指标体系

结合上述关键属性和非关键属性的划分，建立满足用户需求的质量属性证据模型及对应的质量评价体系，以形成质量属性评价指标体系。是一种既兼顾可信软件质量属性评价所必需的关键属性与非关键属性，又有相关证据信息支持的、有确定管理机制的指标体系构建方法。

4.3.1 可信软件质量属性证据模型

可信软件质量属性证据模型为软件质量属性的评估提供相关的证据，它是与软件关键属性及非关键属性相关的、能反映可信软件在一定时期、一定环境下的某些状态描述信息。不同软件质量属性的评价内容和指标体系结构在不同的环境下存在差别，同时，由于评估人员专业特点、风险水平、经验等因素，同一软件质量属性评估内容和结果也不尽相同。因此，不可能建立统一的质量属性证据模型，但我们可以引入构建可信软件质量属性证据模型的方法，使得质量属性证据模型既能根据不同环境、不同评估人偏好而有所区别，又能对质量属性证据模型进行结构化的定义和组织。

采用多层树形结构的方式表达证据模型，通过根节点—非叶子节点—叶子节点之间的关系描述证据类、证据子类、具体证据之间的层次关系。树形结构只有一个根节点，表示可信软件质量属性证据类；树中非叶子节点表示证据子类，是证据类的进一步划分，证据子类可嵌套定义，子类是对父类更详细的描述。树中叶子节点是质量属性的直接证据，具有原子性，不能再分。

结合上述软件可信性的划分及可信软件质量属性的特点，将质量属性证据模型分成两个证据大类：关键证据类和非关键证据类。其中，关键证据类是构建评价指标体系所必需的、体现软件可信性属性的证据类。非关键证据类又分成：用户体验证据子类、软件技术证据子类和社会—经济证据子类，这三个子类可以根据用户的需求及评价环境，进行有限选择。这种划分既可以较为全面地涵盖可信软件质量属性评价的整个内容，又能满足软件运行的客观环境及用户需求，其具体结构如图 4-3 所示。

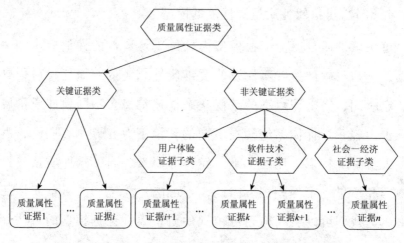

图 4-3　可信软件质量属性的证据模型

4.3.2　可信软件质量属性评价体系

可信软件质量属性的所有证据，需要相应的数据信息来支撑，由此产生了可信软件质量属性评价体系。一个质量属性证据需要一个或者若干个质量指标来支持，而每一个质量指标则通过描述、计算而产生。

根据质量属性评价值的表达方式不同，可分为定量评价值和定性评价值。定量质量评价值是根据相关证据，通过直接或间接测量、计算而获得的，以数值形式表示的评价值。这种数值表示的评价值，既可以是确定的数值，如软件系统的有效性为 99.90%，也可以是以直觉模糊数、梯形模糊数、三角模糊数、灰数等形式表现的模糊数。定性质量评价值则是结合具体证据信息、评估人员的经验及偏好，而确定的语言评价短语，如系统运行状态的稳定程度——强，系统开发商的综合实力——一般，等等。

虽然质量属性评价值表现为多种形式，如确定数值、模糊数、区间数等，但是对于质量属性的评价结果，总是期望通过一种确定的方式获得，以便于用户根据最终的评价结果，进行决策。这就涉及质量属性评价值的一致性转换问题。

与其他数值表现形式相比，模糊数能更加客观地表现现实世界的复杂性、决策信息的不确定性及人类思维的模糊性；且与三角模糊数相比，梯形模糊数能更准确反映系统的不确定性，表现形式更加复杂，因此本书采用梯形模糊数为主要数据表达形式。这就涉及将各种定性或定量信息转化成梯形模糊数的问题。这里介绍两种数据类型与梯形模糊数的转换方式：

（1）确定数、区间数与梯形模糊数之间的转换

记 $A = [a_1\ a_2\ a_3\ a_4]$，其中，$-\infty < a_1 \leq a_2 \leq a_3 \leq a_4 < +\infty$，称 A 为梯形模糊数，其隶属函数[124]可以表示为：

$$\mu_A = \begin{cases} \dfrac{(x-a_1)}{(a_2-a_1)}, & a_1 \leqslant x < a_2 \\ 1, & a_2 \leqslant x \leqslant a_3 \\ \dfrac{(x-a_3)}{(a_4-a_3)}, & a_3 < x \leqslant a_4 \\ 0, & \text{其他} \end{cases} \quad (4-1)$$

其隶属函数图如图 4-4 所示。实际上，任意实数 r 都可以表示成梯形模糊数 $r=[r, r, r, r]$；任意区间数 $[a, b]$ 也可以表示成梯形模糊数 $[a, a, b, b]$ 的形式；当 $a_2 = a_3$ 时梯形模糊数就退化成三角模糊数。

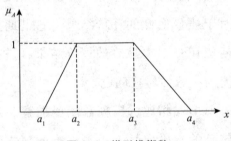

图 4-4 梯形模糊数

（2）不确定语言评价短语与梯形模糊数的转换

不确定语言短语集 $S=\{s_0, s_1, \cdots, s_T\}$（$T$ 一般为偶数）是由奇数个语言短语构成的有序集合，s_0 和 s_T 分别表示决策者使用语言变量时的下限和上限[125]，且满足：

①若 $i>j$，则 $s_i>s_j$；

②存在负算子 $neg\ (s_i) = s_{(\frac{T}{2})+i}$ 或者 $neg\ (s_i) = s_{(\frac{T}{2})-i}$

③若 $s_i>s_j$，则 $\max\ (s_i, s_j) = s_i$；

④若 $s_i<s_j$，则 $\min\ (s_i, s_j) = s_i$。

决策者可根据事先设定的有序语言短语集进行评估，并依据相应规则转换成梯形模糊数[126]。如，任一语言短语 S_i 可以通过式（4-2）的转换关系用梯形模糊数 $A_i = \begin{bmatrix} a_{i,1} & a_{i,2} & a_{i,3} & a_{i,4} \end{bmatrix}$ 表示。

$$
\begin{cases}
a_{0,1} = a_{0,2} = a_{0,3} = 0; \\[2mm]
a_{i,3} = a_{i,2} + \dfrac{1}{2 \times L - 3}, \quad 1 \leqslant i \leqslant L-2; \\[2mm]
a_{i,4} = a_{i,3} + \dfrac{2}{2 \times L - 3}, \quad 0 \leqslant i \leqslant L-2; \\[2mm]
a_{i+1,0} = a_{i,3}, \quad 0 \leqslant i \leqslant L-2; \\[2mm]
a_{i+1,2} = a_{i,4}, \quad 0 \leqslant i \leqslant L-2; \\[2mm]
a_{L-1,3} = a_{L-1,4} = 1.
\end{cases}
\qquad (4-2)
$$

4.3.3 可信软件质量属性评价指标体系

与可信软件质量属性证据模型的结构类似，软件质量属性评价指标体系也应该是一个多层树形结构。根据证据子类的划分，树的第一层节点相应的分成关键属性和非关键属性。其中，关键属性可以进一步细分为可生存性、可用性、可维护性和可靠性，非关键属性又可进一步细分为用户体验特征、技术特征及社会—经济属性，并以此为基础，按照层层细分的原则进行分解，最后生成的每一个叶子节点都是一个具有独立评价意义的原子评价单元。具体结构如图4-5所示。由此可知，软件质量属性评价指标体系是一种体现软件应用领域及运行环境，支持软件可信性及用户自定义的，有相关证据直接支持的、能描述各个质量属性评价指标及其层次关系的体系。

通过可信软件质量属性证据模型、评价体系和评价指标体系三个模型，可以建立一个完整的、动态的，既满足用户需求，又体现可信软件评价层次的可信软件质量属性模型。三个模型间的转换关系如图4-6所示。

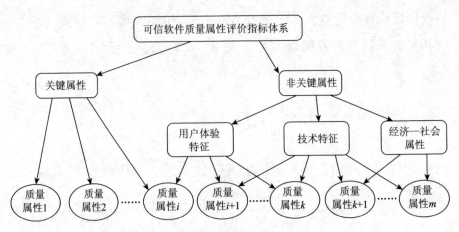

图 4-5　可信软件质量属性评价指标体系

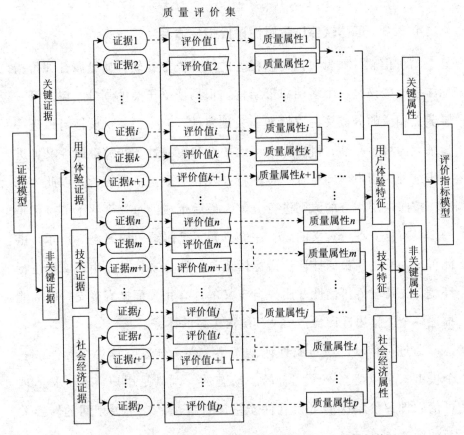

图 4-6　可信软件质量属性证据模型、评价体系和评价指标体系

4.4　本章小结

　　本章从本体的角度研究了用户需求的表达及其本体生成、匹配；在深入研究软件可信性的定义及可信软件质量属性的特征后，将可信软件质量属性分成关键属性（满足软件可信性所必需的属性）和非关键属性（体现软件具体运行环境的、满足用户需求特征的属性）两大类；在此基础上，构建了可信软件质量属性证据模型、评价体系，并由此产生了质量属性评价指标体系，这是一个完整的、结合动态与静态评价指标的可信软件质量属性评价指标体系构建方法。

　　本章所提出的这种基于用户需求的可信软件质量属性生成模型，既能满足软件开发者对于规范软件质量属性体系结构、完善软件质量属性评价指标体系，又能结合软件应用的具体领域、具体运行环境以及软件使用者的不同需求，是一个完整的可信软件质量属性评价指标体系，为后续软件质量属性评价方法的研究奠定了基础。

第五章　基于一致性评判的可信软件质量属性评价方法研究

　　质量属性贯穿整个可信软件开发过程及其具体实现,它决定了可信软件的质量。不同的人对质量属性有不同的视角、解释和评判标准。而且,从事信息技术人员的文化背景、设计实现理念和软件实现与要求他们设计实现软件系统的用户完全不同[58],从而引发了基于不同视角、不同群体的可信软件质量属性的度量和决策问题。软件设计者和使用者怎样对质量属性进行定量度量以选择高质量的软件?怎样的软件质量属性才能获得软件设计者和使用者的一致认可?怎样决策以满足终端用户对可信软件质量属性的要求?这些问题已成为可信软件领域迫切要求解决的问题。

　　在第四章我们已经建立了一个比较完整的可信软件质量属性评价指标体系,本章将在第四章的基础上,在一个统一的框架下定量度量可信软件质量属性,并考虑不同群体、不同视角对可信软件质量属性评价的一致性决策问题。基于此,本书首先通过质量属性之间的相互关系,构建质量属性在同一评判尺度下客观、统一的度量模型;其次,在考虑不同群体对于可信软件质量属性的视角不同时,利用上述度量模型及优化方法,构建三个指标来判断软件质量属性在多大程度上满足软件设计者和使用者，并根据结果做出相应决策，最后通过一个应用实例来验证本方法的可行性和有效性。

5.1 研究基础

5.1.1 可信软件质量属性间的相关性研究

构件是指封装了数据和功能、在运行时能够通过参数进行配置的模块[127]，它既可以是在软件需求和分析设计阶段的产品或源代码，也可以是软件开发过程中产生的其他产品[128]。总之，从简单系统界面中的按钮到复杂的软件具体功能的实现都是属于构件的范畴。

现今基于构件的设计、开发方法已经在机器、电子和其他工程领域取得了巨大的成果。基于构件的软件开发也成为一种最为流行的软件开发方法，具体来说就是在软件开发周期的不同阶段和不同方面（如需求分析、结构、设计、建立、测试、上线、支撑性技术架构、项目管理等）都以构件为基础，将面向构件的开发外延，即从运用面向构件的思路建立软件，扩展到整个软件开发周期的所有阶段和所有方面都以构件为中心[129]。构件已经成为软件系统的构成要素和结构单元，任何功能需求的实现最终都表现为一个或者多个构件及其耦合。

基于构件的多层体系结构是以构件组装为基础，在需求分析阶段就以分层的思想划分系统的体系结构，使系统在整个开发过程中都具有清晰的结构，从而保证基于构件的复用效果[128]。系统构件的体系结构在很大程度上影响了软件的质量属性。借鉴面向方面的核心思想，质量属性是构件设计与实现的横切关注点，它们嵌到软件系统的体系结构中。同时，在软件系统中，质量属性之间有积极关系（+）、消极关系（-）和无关系三种[130]，具体分析这些关系，形成表 5-1。

表 5-1　部分质量属性之间的相互关系

	可获性	效率性	适应性	完整性	互操作性	可维护性	可移植性	可靠性	可重用性	稳健性	可测试性	可用性
可获性								+			+	
效率性			-		-	-	-	-			-	-
适应性						+	+	+			+	
完整性			-		-					-		-
互操作性		-	+	-					+			
可维护性	+	-	+					+			+	
可移植性			+					+		+		
可靠性	+		+			+				+	+	+
可重用性			+			+		+				
稳健性	+							+				+
可测试性	+		+					+				
可用性		-								+	-	

由表 5-1，可以防止与既定目标的冲突行为，例如，当软件系统旨在最大化可用性时，可用性可能会对有效性、可测试性产生消极影响；但当最大化可靠性时，可靠性可能对易测试性产生积极影响；若系统能在多个平台下运行（可移植性），那么软件的可用性可能就不是那么完美；高安全性（或可靠性）的系统，其完整性需求很难测试，且系统性能不可能很高；可重用的类组件、与其他应用程序的互操作性可能破坏其安全；而系统中可用性和数据精确性之间可能是没有关系的。

质量属性之间的这种关系称为"相互性"，即一个质量属性可能

"有利于"另一个质量属性或对其有反作用或没有作用[131]，也就是说一个质量属性的变化可能直接或间接引起其他质量属性的变化，这种相互性，可以通过设计结构矩阵来表达。

5.1.2 软件质量属性间的相关性表达

Steward 于 1981 年提出将设计结构矩阵（Design Structure Matrix，DSM）作为基于矩阵的信息流分析框架[132]。它是一个具有 n 行 n 列的二元方阵（矩阵中的元素仅为空格或为记号●），用于表示矩阵中各个元素之间的交互关系，以便于对复杂系统进行可视化分析。系统中所有元素均以相同的顺序放在矩阵的第一行和第一列，如果元素 i 和元素 j 之间存在交互关系，则矩阵的第 i 行第 j 列元素为●（或由数字 1 表示）；否则用空格（或由数字 0 表示）表示。在由二元（0 或 1）表示的矩阵中，对角线上的元素一般不用来描述系统，用空格表示。

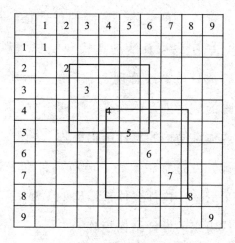

图 5-1　设计结构矩阵

在图 5-1 中，从矩阵各列上可以获得该活动的输出信息由哪些任务吸收，也就是对应行所表示的活动；从矩阵各行可以发现该行的所有输入信息任务，即其对应的列所标示的任务；矩阵对角线上方、下方分别表示反馈信息及前馈信息。图 5-1 中实线框表示两对交互任务。

在实际应用中，设计结构矩阵（DSM）有两种主要类型：

（1）静态设计结构矩阵（Static DSM）

静态设计结构矩阵表示系统元素的瞬时状态，如产品架构的组件、组织中的团体等，经常采用聚类算法对它进行分析。

（2）基于时间的设计结构矩阵（Time-based DSM）

在基于时间的设计结构矩阵中，矩阵的行和列分别表示时间的"流动"：矩阵对角线上方三角中的活动优于下三角的活动，对于分界面，类似于"前馈"和"反馈"这样的活动变得更有意义。

设计结构矩阵作为系统建模最典型的表现形式及分析工具，尤其适用于系统的分解和整合，它通过对系统元素间是否存在相互关系，将整个系统元素以一种整体、紧凑的形式描绘出来，并为各项活动的信息需求、顺序决策及活动迭代控制提供科学的使用方法。对于产品开发者、项目计划或管理者、系统工程师及组织设计者而言，设计结构矩阵的应用主要体现在以下四个方面：

①基于构件或体系结构的设计结构矩阵

在软件的设计开发过程中，为了分析构件、子系统及其关系的系统架构，需要采取基于构件或体系结构的 DSM。

②基于团队或组织的设计结构矩阵

在基于信息流的组织分析和设计中，若分析的对象涉及一个项目中的个体或群体，则需采用基于团队的 DSM，该方法被用于各种组织实体中，通过识别需要的信息流和信息流的方向来构造相应的设计团队。在建模过程中，设计人员必须明白团队间信息流的意义，才能建造正确的模型。表 5-2 表现出几种信息流的特征。同样，为了形成较高交互紧密的工作团队，减小团队的内部交互空间范围，还应该对已形成的基于团队的 DSM 进行变换。

表 5-2 信息流的分类

信息流类型	可选的测量标准
详细级别	稀疏（文件，EMAIL）到丰富（模型，面对面的交流）
交互频率	低（批处理，按时）到高（在线，实时）
方向	单向到双向
时间	早期（初期，触发）到后期（过程的后期）

③基于活动或计划的设计结构矩阵

DSM 包含了组成项目的各项任务及其各任务间信息交换的方式，从中可以发现某项任务开始时需要哪些信息和一个任务产生的信息将提供给哪些任务。在图 5-1 中，从某一行上可以发现该行的所有输入信息任务，就是该处对应的列所表示的任务；从某一列上可以看出该活动的输出信息由哪些任务（即该处对应的行所表示的活动）吸收。在对角线下方的表示信息的前馈，而对角线上方表示的是反馈信息，即信息是由后进行的任务（下游任务）向前进行的任务（上游任务）流动。这意味着前期的任务不得不依据新的信息而重做。这种 DSM 主要用于建模基于活动及其信息流、其他依赖关系的过程和活动网络。

④基于参数或低层计划的设计结构矩阵

该模型被用于分析基于参数交互的系统结构，它通过明确定义待分解的系统元素和交互关系来构建，在对系统间各种交互类型分类的基础上，对交互关系再附予适当的权重，使建立的 DSM 更准确。

上述四种应用均能适用于问题的分解及整合，图 5-2 表示了四种应用分类分别属于哪种类型的设计结构矩阵。

图 5-2　设计结构矩阵的分类

自 20 世纪 90 年代以来，设计结构矩阵的研究及应用得到了空前的发展，现已成为系统建模最普遍的表示和分析工具[133]，尤其适用于系统的分解与整合，并在复杂产品设计与开发[134,135]、软件系统开发项目[136,137]、供应链管理[138]等方面得到深入研究和应用。

将设计结构矩阵作为软件质量属性的评价工具，可以通过质量属性间的相互关系，确定质量属性的相对重要性，以克服不同属性间量纲不同或不能直接测量质量属性的难题。如程平、刘伟[139,140]借助于设计结构矩阵，确定软件可信属性的相对重要性、变化传播方式及其演化波及效应。文杏梓、罗新星[141]利用基于构件的可信软件非功能需求的相互关系建立相应的设计结构矩阵，并通过矩阵运算及转换，确定可信软件质量属性的重要性，从而间接度量了可信软件质量属性。

定义 5-1：基于质量属性间相互关系的设计结构矩阵：设软件中质量属性集合为 $NF = \{nf_1, nf_2, \cdots nf_n\}$，$nf_i$ 表示第 i 个质量属性。用设计结构矩阵 $M_{n \times n}$ 表示质量属性之间的相互关系，矩阵维数 n 表示系统中质量属性的个数，行和列分别表示系统中所有质量属性，主对角线元素标志该质量属性本身，用"▲"表示；其他元素表示质量属性之间的相互关系。方向性由矩阵的行和列分别表示，行对应基于质量属性关系图中有向边的弧头，列对应有向边的弧尾，矩阵元素 $M(i, j)$ 表示质量属性 nf_i 受质量属性 nf_j 的直接影响，用"●"来表示。

5.2 基于设计结构矩阵的可信软件质量属性间接度量模型

本节将以设计结构矩阵为分析工具，利用可信软件质量属性间相互关系及这种关系的传递，建立可信软件质量属性间接度量模型。

5.2.1 构件中质量属性的可达矩阵

给基于质量属性间相互关系的设计结构矩阵填充具有一定语义的数值（如数值 0、1）后，形成的矩阵称为质量属性邻接矩阵。定义构件中质量属性邻接矩阵来表达构件中质量属性之间的相互关系，定义构件中质量属性可达矩阵来确定质量属性之间相互关系的传递，即某些质量属性的变化所引起的同一构件中其他质量属性变化情况。

定义 5-2：质量属性邻接矩阵：设软件质量属性集合为 $NF = \{nf_1, nf_2, \cdots, nf_n\}$，$nf_i$ 表示第 i 个质量属性，矩阵 $MC_i = mc_i(j, k)$ 表示构件 C_i 中质量属性 nf_j 和 nf_k 之间是否存在直接影响关系（其中 i, j, k 为正整数），且有

$$MC_i = mc_i(j, k) = \begin{cases} 1 & \text{质量属性 } k \text{ 直接影响质量属性 } j \\ 0 & \text{质量属性 } k \text{ 不直接影响质量属性 } j \end{cases} \tag{5-1}$$

则称矩阵 MC_i 为构件 C_i 的质量属性邻接矩阵。

定义 5-3：质量属性可达矩阵：设软件质量属性集合为 $NF = \{nf_1, nf_2, \cdots, nf_n\}$，质量属性邻接矩阵 MC_i 对应关系为：$R \subseteq NF^2$，关系 R 的传递闭包为 $R^+ = R \cup R^2 \cup \cdots \cup R^P$，则对应的矩阵有

$$MC_i R^+ = MC_i R \vee MC_i R^2 \vee \cdots \vee MC_i R^P = \bigvee_{k=1}^{p} MC_i R^k \qquad (5-2)$$

其中 $MC_i R^k = MC_i R^{k-1} \vee MC_i R$，$(i = 2, 3, \cdots, p)$，称矩阵 $MC_i R^+$ 为构件 C_i 的质量属性可达矩阵，简称可达矩阵。

由定义 5-2 和定义 5-3，可以确立构件中质量属性的可达矩阵，也就确定了在同一构件中质量属性之间直接或间接影响关系及这种关系的传递。

5.2.2　构件中质量属性的贡献值

对于任一基于构件的多层体系结构系统而言，设其系统的构件集合为 $C = \{C_1, C_2, \cdots, C_p\}$，令

$$C_i NF = [nf_1, nf_2, \cdots, nf_n] \quad (i = 1, 2, \cdots, p) \qquad (5-3)$$

是一个一维数组，数组 $C_i NF$ 中任一元素满足下式（5-4）：

$$nf_k = \begin{cases} 1 & nf_k \text{ 是构件 } C_i \text{ 的横切关注点} \\ 0 & nf_k \text{ 不是构件 } C_i \text{ 的横切关注点} \end{cases} \qquad (5-4)$$

令 $MC_i NF = [c_i nf_1, c_i nf_2, \cdots, c_i nf_n] = C_i NF * MC_i R^+$，则 $c_i nf_j$ 表示构件 C_i 中质量属性 nf_j 直接或间接影响其他质量属性的个数，称之为贡献值。显然，质量属性的贡献值越大，则该质量属性对其他质量属性的影响就越大，说明该质量属性就越重要。

5.2.3　质量属性的间接度量

可以通过式（5-5）确定质量属性的间接度量值，令

$$MCNF = [MC_1 NF, MC_2 NF, \cdots, MC_p NF]^T \qquad (5-5)$$

则矩阵 $MCNF$ 的第 i 行表示构件 C_i 中各个质量属性的贡献值，第 j 列表示质量属性 nf_j 在各个构件中的贡献值。分别计算矩阵 $MCNF$ 各行和各列的贡献值之和，用 $\sum nf_i$ 和 $\sum C_i$ 表示，得到构件与质量属性贡献值阵列，该阵列表示构件中各个质量属性的总贡献值和各个质量属性在整个系统中的总贡献值，从而确定了构件及系统中质量属性的、具有同一尺度和统一标准的度量值。

5.3　基于一致性评判的可信软件质量属性评价模型

可信软件质量属性的决策标准是根据可信软件质量属性的设计行为和结果是否符合软件设计者和使用者预期和实现结果的程度进行判断。这是因为不同的群体对于可信软件质量属性度量与决策，有着不同的视角和要求。在上一节确定了软件质量属性的间接度量值后，本节所要研究的是基于软件开发者和软件使用者的视角，考虑可信软件质量属性评价的一致性问题及其相关决策。

对于软件质量属性的评价问题，软件开发者可能更看重实现软件质量属性的构件的复用、多层体系结构等问题，在他们看来，组成系统的各个构件的重要性并不相同，导致质量属性在不同构件中的重要性也相应不同。而软件使用者并不需要知道软件的构件组成，他们更看重软件质量属性能否到达他们的预期，即质量属性对整个系统的重要性程度。这就涉及以下四个问题的研究：

（1）采用哪种方法能最好地确定系统中构件及质量属性的重要性（权重）问题；

（2）根据构件的重要性，确定软件开发者对软件质量属性的评价问题；

99

（3）根据质量属性的重要性，确定软件使用者对软件质量属性的评价问题；

（4）软件开发者、软件用户对于可信软件质量属性是否有一致的评价，及对该软件的决策问题。

下面的 4 个小节，将分别就以上四个问题进行了探讨。

5.3.1　基于直觉模糊集的多属性权重确定

在获得构件及系统中质量属性的客观评价值之后，下面的问题就是怎样从不同的视角确定系统构件及软件质量属性的重要性（权重）。常用的属性权重确定方法有主成分分析法、层次分析法、熵值法、粗糙集法、模糊集方法等。

自 1965 年 Zadeh 提出模糊集的理论以来，模糊集理论在描述不分明的、亦此亦彼的模糊领域获得了专家们的认可和应用。在这基础上，1986 年 Atanassov 又进一步提出了直觉模糊集的概念[142,143]，引入了一个新的属性参数——非隶属度函数，用于描述非此非彼的模糊概念，进而更加细腻地刻画了客观世界的模糊本质，获得了学术界的认同与广泛的应用。本章我们也采用直接模糊集的方法进行研究。

设 $X = \{x_1, x_2, \cdots, x_n\}$ 是直觉模糊集 A 中的、包含 n 个元素的有限元素的集合，它们表示为 $A = \{\langle x_j, \mu_A(x_j), \upsilon_A(x_j) \rangle \mid x_j \in X\}$，

其中　　　　$\mu_A: X \mapsto [0, 1], x_j \in X \rightarrow \mu_A(x_j) \in [0, 1]$，

且　　　　　$\upsilon_A: X \mapsto [0, 1], x_j \in X \rightarrow \upsilon_A(x_j) \in [0, 1]$，

并满足对于任一 $x_j \in X$，有 $0 \leqslant \mu_A(x_j) + \upsilon_A(x_j) \leqslant 1$，则称 μ_A 为直觉模糊集 A 的真隶属函数，υ_A 为直觉模糊集 A 的假隶属函数。并定义 π_A

$(x_j)=1-\mu_A(x_j)-\upsilon_A(x_j)$ 为 x_j 相对于直觉模糊集 A 的模糊指数，它是 x_j 相对于 A 的未知信息的一种度量。$\pi_A(x_j)$ 值越大，说明 x_j 相对于 A 的未知信息越多，显然有 $0\leqslant\pi_A(x_j)\leqslant 1$。

若 $X=\{x_1,\ x_2,\ \cdots,\ x_n\}$ 是决策方案的有限集，$A=\{a_1,\ a_2,\ \cdots,\ a_m\}$ 是决策方案的所有属性集合，对于任一决策方案 $x_j\in X$，μ_{ij} 和 υ_{ij} 分别表示属性 $a_i\in A$ 的真隶属函数和假隶属函数，且 $0\leqslant\mu_{ij}\leqslant 1$，$0\leqslant\upsilon_{ij}\leqslant 1$，$0\leqslant\mu_{ij}+\upsilon_{ij}\leqslant 1$。则决策方案 $x_j\in X$ 关于属性 $a_i\in A$ 的评价是一个直觉模糊集。令 $\pi_{ij}=1-\mu_{ij}-\upsilon_{ij}$，$\pi_{ij}$ 的值越大，决策者对于可选决策方案 x_j 中属性 a_i 的模糊程度越高。

决策者能通过改变直觉模糊指数的值来改变他的评价。实际上，决策者的评价结果依赖于一个闭区间 $[\mu_{ij},\ \mu_{ij}+\pi_{ij}]$，令 $\mu_{ij}^l=\mu_{ij}$ 且 $\mu_{ij}^u=\mu_{ij}+\pi_{ij}=1-\upsilon_{ij}$，则 $[\mu_{ij}^l,\ \mu_{ij}^u]$ 即决策者对属性权重因素的取值范围。假设 $\sum\limits_{i=1}^m\mu_{ij}^l\leqslant 1$ 且 $\sum\limits_{i=1}^m\mu_{ij}^u\geqslant 1$，可以求得 ω_i，$\omega_i\in[0,\ 1]$ $(i=1,\ 2,\ \cdots,\ m)$，使得 $\sum\limits_{i=1}^m\mu_{ij}^l\leqslant\sum\limits_{i=1}^m\omega_i\leqslant\sum\limits_{i=1}^m\mu_{ij}^u$ 且 $\sum\limits_{i=1}^m\omega_i=1$。

对于任意一个决策方案 x_j，通过式（5-6）确定它的最优值

$$\max\ \{z_j=\sum_{i=1}^m\beta_{ij}\omega_i\}, \tag{5-6}$$

$$s.t\begin{cases}\mu_{ij}^l\leqslant\beta_{ij}\leqslant\mu_{ij}^u & (i=1,\ 2,\ \cdots m;\ j=1,\ 2,\ \cdots n)\\[2mm]\omega_i^l\leqslant\omega_i\leqslant\omega_i^u & (i=1,\ 2,\ \cdots m)\\[2mm]\sum\limits_{i=1}^m\omega_i=1\end{cases}$$

对于任意的 $j=1,\ 2,\ \cdots,\ n$，式（5-6）均适应。

可以通过以下两个线性方程式（5-7）、（5-8）求解式（5-6），

$$\min\ \{z_j^l=\sum_{i=1}^m\mu_{ij}^l\omega_i\} \tag{5-7}$$

$$s.t \begin{cases} \omega_i^l \leqslant \omega_i \leqslant \omega_i^u \quad (i=1,2,\cdots m) \\ \sum_{i=1}^m \omega_i = 1 \end{cases}$$

并且有

$$\max \left\{ z_j^u = \sum_{i=1}^m \mu_{ij}^u \omega_i \right\} \qquad (5-8)$$

$$s.t \begin{cases} \omega_i^l \leqslant \omega_i \leqslant \omega_i^u \quad (i=1,2,\cdots m) \\ \sum_{i=1}^m \omega_i = 1 \end{cases}$$

对于任意的 $j=1,2,\cdots,n$，式（5-7）、（5-8）均适用。由此可以推导出对于任何约束，多属性最优权重值为

$$\max \left\{ z = \frac{\sum_{j=1}^n \sum_{i=1}^m (\mu_{ij}^u - \mu_{ij}^l) \omega_i}{n} \right\} \qquad (5-9)$$

$$s.t \begin{cases} \omega_i^l \leqslant \omega_i \leqslant \omega_i^u \quad (i=1,2,\cdots,m) \\ \sum_{i=1}^m \omega_i = 1 \end{cases}$$

利用式（5-9）可以求得基于直觉模糊集的多属性决策的最优权重值。

5.3.2 软件设计开发者对构件中质量属性评价值的确定

在可信软件开发者看来，可信软件处于一个动态的、复杂多变的环境中，软件系统的构件实现、重用及其多层体系结构，对于整个系统的实现是至关重要的。他们认为对于可信软件质量属性重要性的确定，应该根据实现各个质量属性的构件的重要性来判断。因此，系统中质量属性重要性（权重）的确定就转变成将质量属性作为横切关注点的构件重要性（权重）的确定。

设某一可信软件系统，其构件集合为 $C=\{C_1,C_2,\cdots,C_l\}$，为

102

了确定构件的重要性（权重），组成一个由软件设计者、开发者、开发管理者等组成的项目专家团队，设有 q 个项目专家，用集合 $E = \{e_1, e_2, \cdots, e_q\}$ 来表示。他们在综合考虑构件实现、复用、构件多层次体系结构的基础上，根据各个构件对整个系统的重要性不同，用一对隶属函数 $(\mu e_{ij}, ve_{ij})$ 来表示第 j 个专家对于第 i 个构件重要性的模糊判断，其中 μe_{ij} 和 ve_{ij} 分别表示直觉模糊集的真隶属函数和假隶属函数。利用直觉模糊集的方法确定权重，可以得到各个构件的权重值为 $(\omega c_1, \omega c_2, \cdots, \omega c_l)$ 且 $\sum_{i=1}^{l} \omega c_i = 1 \ (0 \leqslant \omega c_i \leqslant 1)$，即为可信软件各个构件中质量属性的权重值。结合 5.2 节确定的质量属性度量值，则基于软件开发者的可信软件质量属性评价值为

$$E_d = (\omega c_1, \omega c_2, \cdots, \omega c_l) * (\sum_{i=1}^{p} nf_i \mid C_j)^T \qquad (5\text{-}10)$$

其中，$j = 1, 2, \cdots, l$。

5.3.3 软件使用者对构件中质量属性评价值的确定

软件使用者不可能也不需要了解可信软件中构件的相关信息，他们更多的是根据相关领域知识和经验来确定系统中各个质量属性的重要性（权重）。

设某一可信软件系统，其质量属性集合为 $NF = \{nf_1, nf_2, \cdots nf_p\}$，为了确定质量属性的重要性（权重），组成一个由软件使用者、使用管理者等组成的使用评价团队，设有 t 个使用评价者，用集合 $U = \{u_1, u_2, \cdots, u_t\}$ 来表示，针对各个质量属性的重要性不同，用一对隶属函数 $(\mu u_{ij}, vu_{ij})$ 来表示第 j 个使用评价者对于第 i 个质量属性重要性的模糊判断，其中 μu_{ij} 和 vu_{ij} 分别表示直觉模糊集的真隶属函数和假隶属函数。利用直觉模糊集的方法得到相对于整个系统，各个

质量属性的权重值(ωu_1，ωu_2，$\cdots$，ωu_p)，且 $\sum_{i=1}^{p} \omega u_i = 1 (0 \leqslant \omega u_i \leqslant 1)$。结合 5.2 节确定的质量属性度量值，则基于软件使用者的质量属性评价值为：

$$E_u = (\omega u_1, \ \omega u_2, \ \cdots, \ \omega u_p) * (\sum_{j=1}^{l} C_j \mid nf_i)^T \qquad (5-11)$$

其中，$i = 1, \ 2, \ \cdots, \ p$。

5.3.4　基于相关指标的软件质量属性评价模型

我们可以从一致性、满意度和贴近度三个指标对可信软件质量属性进行评估。

一致性 ξ 表示软件开发者与软件使用者对于质量属性评判的一致性程度，如式（5-12）所示。显然 $\xi > 0$，且 ξ 值越接近 1，表明 E_d 值与 E_u 值越接近，即软件开发者和软件用户对于质量属性的评价越一致。

$$\xi = \frac{E_d}{E_u} \times 100\% \qquad (5-12)$$

满意度 τ 表示软件质量属性的设计、实现在多大程度上与之在实践中软件使用者的评价相符合，即软件开发者在多大程度上满足软件用户对质量属性的预期及具体实现。如式（5-13）所示，显然有 $\tau \leqslant 1$，且 τ 值越接近 1，表明该软件质量属性越能满足软件使用者对该软件质量属性的需要，越具有实践意义。

$$\tau = 1 - \frac{|E_d - E_u|}{E_u} \times 100\% \qquad (5-13)$$

贴近度 d 结合软件质量属性的一致性和满意度，表示与软件质量属性的评价最优状态（1，1）的贴近程度。具体计算方法如式（5-14）所示，显然 $d \geqslant 0$，且 d 值越小，该软件质量属性越能获得软件开发者和软件用户的一致满意。

$$d = \sqrt{(\xi-1)^2 + (\tau-1)^2} \qquad (5-14)$$

ξ，τ，d 的相互关系如图 5-3 所示。

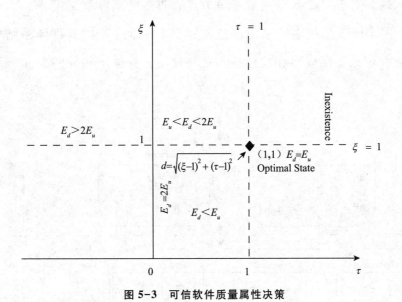

图 5-3　可信软件质量属性决策

通过一致性、满意度和贴近度三个指标，建立了基于软件设计者视角和用户需求视角的可信软件质量属性一致性决策模型，决策者可以结合该模型来确定是否接纳、部分修改或放弃该软件。

5.4　可信软件质量属性评价模型的应用实例及分析

5.4.1　实例简介

随着我国信息化程度的不断推进，基于数字化矿山整体解决方案的矿山数字化软件系统（Digital Mining Software System，DMSS）

广泛应用于地质、勘探、采矿等领域，该系统有助于矿山企业高效、精确实现地质建模、矿床存储量计算、矿体动态圈定及三维可视化模型、采矿设计、生产方案设计及优化、矿山生产开采规划等一系列问题，对于提高矿业企业竞争力具有重要的实际意义[144、145]。

某 DMSS 采矿系统采用"层次式平台+插件"的软件体系结构，以便有效地实现框架和构件的共享与复用，具体结构如图 5-4 所示。

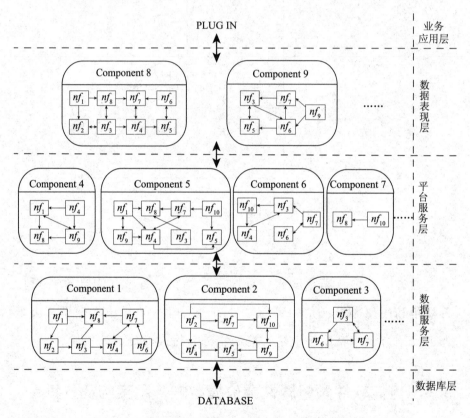

图 5-4　基于构件的 DMSS 系统体系结构及质量属性关系

整个系统核心逻辑分成三个层次。第一层是数据服务层，主要依靠本地数据管理引擎以及三维空间数据管理引擎，实现对相关数据的存取和管理；第二层是中间层，也称业务平台层，主要为核心业务提供通用算法支持；第三层是数据表现层，用来实现系统控制、各类数据的表达和输出；三个层次分别由3、4、2个构件或复合构件组成，用集合 $C = \{C_1, C_2, \cdots, C_9\}$ 表示。该系统必须满足一些质量属性，才能使得系统顺利运行。基于系统构件功能及其具体实现，选取质量属性的关键属性（可用性、安全性、可维护性、可靠性）及最具典型性和代表性的非关键属性（数据精确性、性能、容错性、可测试性、保密性、评价与版本）来具体分析，并形式化表示为 nf_i（$i = 1, 2, \cdots, 10$），来研究基于构件的多层体系结构及构件中质量属性之间的相关性。

5.4.2 模型的应用与结果分析

（1）确定 DMSS 质量属性的设计结构矩阵。

在 DMSS 采矿系统中，我们以图 5-4 中构件 Component1（以下简称"构件 C_1"）为例，确定构件 C_1 中质量属性设计结构矩阵。根据定义 5-1，图 5-4 中构件 C_1 的质量属性设计结构矩阵如表 5-3 所示。

表 5-3　图 5-4 中构件 C_1 的质量属性相互关系的设计结构矩阵

	nf_1	nf_2	nf_3	nf_4	nf_5	nf_6	nf_7	nf_8	nf_9	nf_{10}
nf_1	▲									
nf_2	●	▲								
nf_3		●	▲							
nf_4			●	▲			●			
nf_5					▲					
nf_6						▲				
nf_7				●		●	▲			
nf_8	●		●				●	▲		
nf_9									▲	
nf_{10}										▲

（2）确定 DMSS 质量属性的可达矩阵。

依据定义 5-2 和定义 5-3，构件 C_1 的基于相互关系的质量属性邻接矩阵 MC_1 和可达矩阵 MC_1R^+ 分别为

$$MC_1 = \begin{bmatrix} 0 & 0 & 0 & 0 & 0 & 0 & 0 & 0 & 0 & 0 \\ 1 & 0 & 0 & 0 & 0 & 0 & 0 & 0 & 0 & 0 \\ 0 & 1 & 0 & 0 & 0 & 0 & 0 & 0 & 0 & 0 \\ 0 & 0 & 1 & 0 & 0 & 0 & 1 & 0 & 0 & 0 \\ 0 & 0 & 0 & 0 & 0 & 0 & 0 & 0 & 0 & 0 \\ 0 & 0 & 0 & 0 & 0 & 0 & 0 & 0 & 0 & 0 \\ 0 & 0 & 0 & 1 & 0 & 1 & 0 & 0 & 0 & 0 \\ 1 & 0 & 1 & 0 & 0 & 0 & 1 & 0 & 0 & 0 \\ 0 & 0 & 0 & 0 & 0 & 0 & 0 & 0 & 0 & 0 \\ 0 & 0 & 0 & 0 & 0 & 0 & 0 & 0 & 0 & 0 \end{bmatrix},$$

$$MC_1R^+ = \begin{bmatrix} 0 & 0 & 0 & 0 & 0 & 0 & 0 & 0 & 0 & 0 \\ 1 & 0 & 0 & 0 & 0 & 0 & 0 & 0 & 0 & 0 \\ 1 & 1 & 0 & 0 & 0 & 0 & 0 & 0 & 0 & 0 \\ 1 & 1 & 1 & 1 & 0 & 1 & 1 & 0 & 0 & 0 \\ 0 & 0 & 0 & 0 & 0 & 0 & 0 & 0 & 0 & 0 \\ 0 & 0 & 0 & 0 & 0 & 0 & 0 & 0 & 0 & 0 \\ 1 & 1 & 1 & 1 & 0 & 1 & 1 & 0 & 0 & 0 \\ 1 & 1 & 1 & 1 & 0 & 1 & 1 & 0 & 0 & 0 \\ 0 & 0 & 0 & 0 & 0 & 0 & 0 & 0 & 0 & 0 \\ 0 & 0 & 0 & 0 & 0 & 0 & 0 & 0 & 0 & 0 \end{bmatrix}$$

从构件 C_1 的质量属性可达矩阵 MC_1R^+ 知：矩阵 MC_1R^+ 第一列元素 $MC_1R_{2,1}^+$，$MC_1R_{3,1}^+$，$MC_1R_{4,1}^+$，$MC_1R_{7,1}^+$，$MC_1R_{8,1}^+$ 均为 1，表明质量属性 nf_1 到质量属性 nf_2、nf_3、nf_4、nf_7、nf_8 可达，即质量属性 nf_1 直接或者间接影响质量属性 nf_2、nf_3、nf_4、nf_7、nf_8；其他列推理类同。可达矩阵 MC_1R^+ 第一、第五、第六、第九、第十行均为零，表明质量属性 nf_1、nf_5、nf_6、nf_9、nf_{10} 均不受其他质量属性影响。

同理可得 DMSS 采矿系统中其他构件的质量属性邻接矩阵 MC_i 和可达矩阵 MC_iR^+（$i=2$，3，$\cdots$，9）。由矩阵 MC_iR^+（$i=2$，3，$\cdots$，9），可以确定各个构件中质量属性之间直接或间接影响关系。

（3）确定 DMSS 中质量属性的贡献值。

由式（5-3）有 $C_1NF = [1\ \ 1\ \ 1\ \ 1\ \ 0\ \ 1\ \ 1\ \ 1\ \ 0\ \ 0]$，则有 $MC_1NF = C_1NF * MC_1R^+ = [5\ \ 4\ \ 3\ \ 3\ \ 0\ \ 3\ \ 3\ \ 0\ \ 0\ \ 0]$。

从矩阵 MC_1NF 可知，软件系统中各个质量属性对构件 C_1 的贡献值按大小分别为 $nf_1 > nf_2 > nf_3 \geqslant nf_4 \geqslant nf_6 \geqslant nf_7 > nf_5 \geqslant nf_8 \geqslant nf_9 \geqslant nf_{10}$。同理可得，其他构件中质量属性的贡献值 MC_iNF（$i=2$，3，$\cdots$，9），并根据矩阵值确定各个构件中质量属性的贡献值。

根据式（5-5），有 $MCNF = [MC_1NF，MC_2NF，\cdots，MC_9NF]^T$，该矩阵表明了在整个采矿系统中，质量属性在各个构件中的贡献值及构件中各个质量属性的贡献值，将矩阵变换成阵列表的形式，并分别计算各行和各列的贡献值之和 $\sum_{i=1}^{10} nf_i$ 及 $\sum_{i=1}^{9} C_i$，具体结果如表 5-4 所示。

表 5-4　构件与质量属性贡献值阵列表

	nf_1	nf_2	nf_3	nf_4	nf_5	nf_6	nf_7	nf_8	nf_9	nf_{10}	$\sum_{i=1}^{10} nf_i$	构件贡献率（%）
C_1	5	4	3	3	0	3	3	0	0	0	21	11.8
C_2	0	5	0	1	0	0	3	0	3	3	15	8.4
C_3	0	0	3	0	0	3	3	0	0	0	9	5.1
C_4	3	0	0	3	0	0	0	0	3	0	9	5.1
C_5	6	0	1	4	0	0	4	0	4	4	23	12.9
C_6	0	0	3	3	0	5	5	0	0	3	19	10.7
C_7	0	0	0	0	0	0	0	1	0	0	1	0.6
C_8	7										56	31.5
C_9	0	0	5	0	5	5	5	0	5	0	25	14.0
$\sum_{i=1}^{9} C_i$	21	16	22	21	12	23	30	8	15	10	178	100
质量属性贡献率（%）	11.8	8.9	12.4	11.8	6.7	12.9	16.9	5.0	8.4	5.6	100	—

　　由表 5-4 知，构件 C_1 中各个质量属性贡献值分别为 5、4、3、3、0、3、3、0、0、0，各质量属性总贡献值为 21，占整个软件系统总贡献率的 11.8%，其他各行推理类同。由此可知各个构件中质量属性的贡献情况为 $C_8 > C_9 > C_5 > C_1 > C_6 > C_2 > C_3 \geq C_4 > C_7$。质量属性 nf_2 在各个构件中的贡献情况分别为 4、5、0、0、0、0、0、7、0，其总贡献值为 16，占系统中所有质量属性贡献值的 8.9%；其他各列推理类同。由此可知各个质量属性对整个系统的贡献情况为 $nf_7 > nf_6 > nf_3 > nf_4 \geq nf_1 > nf_2 > nf_9 > nf_5 > nf_{10} > nf_8$。

通过以上步骤我们建立了采矿系统构件与质量属性关系阵列，也就建立了基于质量属性相互影响关系的、统一的评判尺度，从而确定了质量属性之间的相对重要性，为后继质量属性的决策奠定了基础。

（4）DMSS 质量属性的评价及决策。

下面，开始讨论软件设计者、软件用户对于软件质量属性一致性评价及决策的问题。

首先，从可信软件设计开发者的角度出发，进行相关研究。采用直觉模糊集方法确定各个构件对于整个软件系统的重要性（权重）。组成一个由软件设计者、开发者和软件管理者三人组成的项目专家评估团队，用集合 $E = \{e_1,\ e_2,\ e_3\}$ 来表示，由他们确定图 5-4 中 9 个构件的重要性（权重），记作 $\omega c = \{\omega c_1,\ \omega c_2,\ \cdots,\ \omega c_9\}$。采用统计学方法可以得到第 j 个专家对于第 i 个构件重要性的模糊判断，记作 $(\mu e_{ij},\ \nu e_{ij})$，其中 μe_{ij} 和 νe_{ij} 分别表示直觉模糊集的真隶属函数和假隶属函数，有

$$
((\mu e_{ij},\ \nu e_{ij})) =
\begin{array}{c}
\\
C_1 \\
C_2 \\
C_3 \\
C_4 \\
C_5 \\
C_6 \\
C_7 \\
C_8 \\
C_9
\end{array}
\begin{array}{ccc}
e_1 & e_2 & e_3 \\
\begin{bmatrix}
(0.75,\ 0.10) & (0.80,\ 0.15) & (0.55,\ 0.15) \\
(0.60,\ 0.25) & (0.65,\ 0.20) & (0.75,\ 0.05) \\
(0.80,\ 0.20) & (0.45,\ 0.50) & (0.60,\ 0.30) \\
(0.65,\ 0.25) & (0.75,\ 0.15) & (0.80,\ 0.20) \\
(0.65,\ 0.30) & (0.70,\ 0.25) & (0.65,\ 0.15) \\
(0.80,\ 0.20) & (0.75,\ 0.25) & (0.70,\ 0.25) \\
(0.60,\ 0.25) & (0.65,\ 0.25) & (0.75,\ 0.15) \\
(0.70,\ 0.25) & (0.85,\ 0.15) & (0.65,\ 0.25) \\
(0.75,\ 0.15) & (0.80,\ 0.20) & (0.85,\ 0.10)
\end{bmatrix}
\end{array}
$$

用同样的方法，可以得到构件 C_i "重要性" 的隶属度 ρ_i 和非隶属度 $\tau_i (i=1, 2, \cdots, 9)$，$((\rho_i, \tau_i)) =$

$$
\begin{array}{cc}
C_1 & C_2 \\
(0.10, 0.75) & (0.08, 0.70)
\end{array}
$$

$$
\begin{array}{cccc}
C_3 & C_4 & C_5 & C_6 \\
(0.05, 0.80) & (0.07, 0.65) & (0.12, 0.72) & (0.05, 0.80)
\end{array}
$$

$$
\begin{array}{ccc}
C_7 & C_8 & C_9 \\
(0.10, 0.75) & (0.04, 0.60) & (0.05, 0.80)
\end{array}
$$

根据式（5-9）得到线性规划模型

$$
\max \left\{ z = \frac{0.5\omega c_1 + 0.4\omega c_2 + 0.15\omega c_3 + 0.2\omega c_4 + 0.3\omega c_5 + 0.05\omega c_6 + 0.35\omega c_7 + 0.15\omega c_8 + 0.15\omega c_9}{9} \right\}
$$

$$
s.t. \begin{cases} [0.10, 0.08, 0.05, 0.07, 0.12, 0.05, 0.10, 0.04, 0.05]^T \\ \leq [\omega c_1, \omega c_2, \omega c_3, \omega c_4, \omega c_5, \omega c_6, \omega c_7, \omega c_8, \omega c_9]^T \\ \leq [0.25, 0.30, 0.20, 0.35, 0.28, 0.20, 0.25, 0.40, 0.20]^T \\ \sum_{i=1}^{9} \omega c_i = 1 \end{cases}
$$

使用 PYTHON 软件解得该模型的最优解（权重）为 $\omega c = [\omega c_1, \omega c_2, \cdots, \omega c_9] = [0.25, 0.12, 0.05, 0.07, 0.12, 0.05, 0.10, 0.05, 0.20]$。由式（5-10）得 $E_d = [0.25, 0.12, 0.05, 0.07, 0.12, 0.05, 0.10, 0.05, 0.20] \times [21, 15, 9, 9, 23, 19, 1, 56, 25]^T = 19.18$，则基于软件开发者判定的软件质量属性评价值为 $E_d = 19.18$。

为了确定可信软件使用者对 DMSS 中质量属性的度量，组成一个由软件终端用户、软件使用者和使用管理者三人组成的使用评估团队，用集合 $U = \{u_1, u_2, u_3\}$ 来表示，由他们来确定图 5-4 中的 10 个质量属性的重要性（权重），记作 $\omega u = \{\omega u_1, \omega u_2, \cdots, \omega u_{10}\}$。用统计学方法可以得到第 j 个评估者对于第 i 个质量属性重要性的模糊判断，记作 $(\mu u_{ij}, \upsilon u_{ij})$，其中 μu_{ij} 和 υu_{ij} 分别表示直觉模糊集的真隶属函数和假隶属函数。具体过程与上述相同（略）。求得权重值为：$\omega u = [\omega u_1, \omega u_2, \cdots, \omega u_{10}] = [0.08, 0.05, 0.14, 0.15, 0.13, 0.09, 0.14, 0.11, 0.06, 0.05]$。由式（5-11）得 $E_u =$ 18.82，即为基于软件使用者判定的软件质量属性评价值。

由式（5-12）得一致性值 $\xi = 101.91\%$，接近最优值 1，表明该系统软件开发者与使用者对于该系统质量属性评判基本一致，且开发者对于该软件质量属性的评价值大于软件使用者的评价值，从技术上保证了该采矿系统的质量属性高于实践中该系统质量属性的实现。

由式（5-13）得满意度 $\tau = 98.09\%$，说明由软件开发者所设计开发的采矿软件质量属性 98.09% 的满足了软件使用者对于该软件质量属性的预期与具体实现。

为了便于软件决策专家对该软件质量属性的可信判断，结合该系统开发经验和软件的实际应用背景，制定软件质量决策表，如表（5-5）所示。

表 5-5　软件质量属性决策

d	专家决策	具体原因
$d \in [0, 0.05)$	完全接受	评价结果非常接近于最优状态
$d \in [0.05, 0.20)$	部分修改软件系统	离最优状态还有一定差距，但是基本能让评价者满意
$d \in [0.20, +\infty)$	拒绝该系统	距离最优评价状态较远，没有获得专家的一致满意

由式（5-14）得贴近度 $d = 0.027 < 0.05$。由表（5-5）可知该系统质量属性评价值十分接近评价的最优状态（1，1）。综合以上三个指标，说明软件设计者对于该软件质量属性的满意程度比软件使用者高，同时软件使用者对于该软件质量属性的满意度达到 98.09%，且评价结果相当接近一致评价的最优状态，这是一个让人相当满意

度的结果。可以说从该系统体系结构及其构件实现的角度来看，评价结果比较完美地达到了该采矿软件质量属性的用户需求，软件用户完全可以放心地使用该采矿软件系统。

5.5 本章小结

本章以可信软件构件中质量属性之间的相互关系为基础，借助设计结构矩阵及矩阵运算，建立了基于质量属性相互关系的质量属性间接度量模型，克服了质量属性度量过程中的主观性、量纲不一致性及个别质量属性度量的困难。基于间接度量模型及一致性、满意度和贴近度三个决策指标，建立了一种用来判断软件质量属性是否符合软件开发者和用户一致性评判的决策方法，为可信软件质量属性的评价、决策提供了客观依据，从而改进了单纯从软件设计开发者或软件使用者视角出发的决策方法，使得决策方法更加科学合理，更加符合可信软件的具体应用实际。

本章的研究，是基于软件质量属性的相互关系及这种关系的传递，结合软件体系结构的设计及构件功能的实现，进行的一种间接评价方法。下一步我们将研究在考虑用户对质量属性评价结果有限理性的影响下，软件质量属性的直接评价方法及其具体实现。

第六章　基于前景理论的可信软件
质量属性评价方法研究

对于可信软件质量属性的直接评价研究，有两个问题是值得注意的：一、从可信软件本质上看，可信软件应该是比普通软件要求更高，更值得信赖的软件系统。因此对其质量属性的研究，应该有着更高的标准与要求；二、对于软件质量属性的评价，是以软件用户、软件开发者等为评价主体的，他们在评价过程中不可避免地带有自己的主观意向及其风险偏好，怎样消除他们的主观性、风险性，使得评价结果更加客观真实，也是我们所需要考虑的问题。因此，在考虑评价者风险偏好及有限理性的基础上，怎样以更高的标准来评价可信软件质量属性，是本章所要解决的主要问题。

6.1　研究基础

6.1.1　前景理论的提出及其发展应用

长期以来，基于理性人假设的传统经济学一直占据着经济学界的大半壁江山，直到 1979 年，美国学者 Kahneman 和 Tversky 通过实验研究，将心理学与经济学有效结合起来，对行为经济学进行了广泛而系统地研究。从实证研究出发，强调人的行为不仅受到利益的驱使，而且受到经济复杂性、环境不确定性、信息不完全性及人类认知能力的有限性等非理性心理因素的影响，提出了前景理论。

前景理论，描述、解释了不确定性条件下有限理性人的判断或决策行为，从而发现了理性决策研究领域没有意识到的行为模式。与规范化的决策模型不同，前景理论是一种描述性范式的决策模型，它是从收益和损失的多少来考虑输赢。

Kahneman 等人假设风险决策过程分为两个阶段：

阶段一：编辑阶段。分成编码、合并、分解和取消四个部分，编码阶段的核心是参考点的确定，个体在做出决策前，其关于决策的结果都有一个可能的内在参考点，前景理论认为：这个参考点不是做出决策后可能带来的最终"财富"水平，而是其结果的损益程度，且损益程度对于个体决策行为的影响是相对于其内在的参考点而言。在编码阶段，个体的决策行为和内在的参考点息息相关，而参考点的确定又在很大程度上受个体的知识水平、社会关系、心智水平、主观愿望等各个方面因素的影响，所以不同个体的决策行为在编码阶段的差异十分显著。合并阶段则是合并出现相同结果的概率。这个阶段的实现是缩小个体决策过程的一种简单化解，可以化繁为整，统一规划。不同的个体在此处所表现出的差异相对于编码阶段的差异较小。分解阶段则是将未来事件的发生概率分解为无风险概率和有风险概率。取消阶段的存在表明个体的决策更多关注的是不同决策行为所带来的差异性，而这种差异性的存在对于个体决策行为的影响又回归到个体内在参考点的设置上来。

阶段二：评价阶段。通过"决策权重"和"价值函数"共同确定前景价值[146]，即

$$V = \sum_{i=1}^{n} \pi(p_i)\, v(x_i) \tag{6-1}$$

其中，V 是前景价值，$v(x_i)$ 是价值函数，是决策者主观感受形成的价值。它是一个 S 形函数，其函数图象如下图 6-1 所示。中性点即是判断决策的参考点，给定一个不确定前景 f 是从自然状态集 S 到结果集 X 的一个函数，即 $f: S \to X$，对于任意 $s_i \in S$，都有 $f(s_i) = x_i$，$x_i \in X$。通常把 f 表示为一个序对 (x_i, A_i)，其中 A_i 是自然状态集 S 的子集，称之为事件。事件 A_i 发生时会产生结果 x_i。Kahneman 等人给出的价值函数形式为幂函数：

$$v(x_i) = \begin{cases} x_i^a, & x_i \geq 0 \\ -\theta\,(-x_i)^{\beta}, & x_i < 0 \end{cases} \tag{6-2}$$

参数 α、β 分别表示收益、损失区域价值幂函数的凹凸程度，α，$\beta > 1$ 表示敏感性递增。系数 θ 表示损失规避程度，$\theta > 1$ 表示损失厌恶。

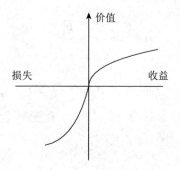

图 6-1　价值函数曲线

价值函数 $v(x_i)$ 有三个基本特征：

（1）价值函数是相对于某个参考点的收益或损失，与期望效用理论的期末财富不同，价值函数中的参考点是指以当前的财富水平为依据。收益和损失是相对于参考点而言的相对概念。个人偏好随着参照点的变化而变化，不同的参照点表示人们对于风险的态度。实际上，面临收益时人们往往偏好选择风险规避，而面临损失时人们往往倾向于风险偏好；

（2）价值函数是一个 S 形函数；在面临收益时是凹函数，意味着决策者每增加一个单位的盈利，其增加的效用小于前一个单位盈利所带来的收益；在面临损失时是凸函数，意味着每增加一个单位的损失，失去的效用也低于前一个单位所失去的效用；

（3）价值函数的斜率不同；由图 6-1 知，损失部分的斜率大于收益部分的斜率，说明投资者在获得同样大小的收益或损失下，对边际损失比对边际收益更加敏感，也就是说与获得收益带来的欢愉相比，人们更加痛恨损失。

$\pi(p_i)$ 是决策权重，p_i 是判断概率，是决策者判断给出的 n 个状态中第 i 个状态的概率。它是一个概率评价性的单调增函数。现普遍采用 Wu G 给出的权重函数[147]：

$$\pi(p_i) = \frac{p_i^r}{[p_i^r + (1-p_i^r)]^{\frac{1}{r}}} \tag{6-3}$$

决策权重函数 $\pi(p_i)$ 同样也有三个特性：

（1）决策权重不是决策概率，也不能解释为决策者对预期的程度；

（2）当判断概率 p_i 值很小时，有 $\pi(p_i) > p_i$，小概率值获得相对较大的权重，说明投资者对小概率事件相对比较重视；当判断概率 p_i 值一般或者较大时，则 $\pi(p_i) < p_i$，表明投资者往往容易忽视经常发生事件的行为倾向。

（3）亚确定性：$\sum_{i=1}^{n} \pi(p_i) < 1$。说明各互补事件决策权重之和小

于确定性决策权重之和。

前景理论突破了"经济理性人"的假设，从现实中人的角度来解释人们在不确定条件下的决策行为，更注重分析当事人决策心理的多样性，刻画出了人们在不确定环境下决策的重要心理特征，也给予决策研究新的启示[148]：

（1）在做出决策的过程中，不仅仅考虑自己最终的财富水平，更要取一个参考点去看它是否获利或亏损，并可能会因参照点的不同而使得决策行为有所改变；

（2）不确定环境中的框架并非是完全透明的，当事人是有限理性的，框架的描述方式会影响其决策行为；

（3）人们在做出选择时，其偏好常常会受到很多与被选对象本身并不相关诱因的影响而改变；

（4）人们对亏损的心理敏感程度大概是盈利的两倍左右，这种差异会影响其决策偏向；

（5）前期决策的实际结果影响后期的风险态度和决策，前期盈利可以使人的风险偏好增强，还可以平滑后期的损失，而前期的损失加剧了以后亏损的痛苦，风险厌恶程度也相应提高。

自 2002 年 Kahneman 因前景理论获得诺贝尔经济学奖以来，学者们开始尝试将这种心理学的研究成果引入管理科学，并以此为理论基础建立评价模型应用于行为金融[149]、战略管理[150]、投资学[151,152]、组织行为与人力资源管理[153-155]等领域。到 2011 年，在国际顶级管理学期刊上，已经超过 500 篇论文引用了 Kahneman 的前景理论[156]。这些研究启发我们：是否可以将前景理论引入可信软件质量属性的评价领域，在不确定条件下，通过考虑人的有限理性，使得可信软件质量属性的评估结果更加科学合理，但现有文献尚缺乏对此方面的研究。

6.1.2 梯形模糊数的前景价值函数

记 $A = [a_1\ a_2\ a_3\ a_4]$，其中，$-\infty < a_1 \leq a_2 \leq a_3 \leq a_4 < \infty$，称 A 为梯形模糊数，其隶属函数可以表示为式（4-1），其隶属函数如图4-4所示。

若 $A = [a_1,\ a_2,\ a_3,\ a_4]$、$B = [b_1,\ b_2,\ b_3,\ b_4]$ 是两个梯形模糊数，它有如下性质：

（1）两梯形模糊数的比较规则[157]

若 $a_1 \geq b_1$，$a_2 \geq b_2$，$a_3 \geq b_3$，$a_4 \geq b_4$ 均成立，则 $A \geq B$；

若 $a_1 \geq b_1$，$a_2 \geq b_2$，$a_3 \geq b_3$，$a_4 \geq b_4$ 条件中有一个或若干个不成立，但满足 $a_1 + a_2 + a_3 + a_4 \geq b_1 + b_2 + b_3 + b_4$，则 $A \geq B$ 亦成立。

（2）两梯形模糊数的距离

若 C、D 为两模糊数，其距离[158]可以用公式（6-4）计算

$$d_\lambda(C,\ D) = \int_0^1 [(1-\lambda)(C_L^\alpha - D_L^\alpha) + \lambda(C_R^\alpha - D_R^\alpha)]\,da \qquad (6-4)$$

那么，对应于两梯形模糊数 A、B，其距离为

$$d_\lambda(A,\ B) = \left| \frac{[(a_1+a_2)-(b_1+b_2)](1-\lambda) + [(a_3+a_4)-(b_3+b_4)]\lambda}{2} \right|$$

$$(6-5)$$

$\lambda \in [0,\ 1]$ 表示决策者对待风险的态度。

（3）梯形模糊矩阵的规范化

若矩阵 $A = (a_{ij})_{n \times m}$ 中任一元素为 $a_{ij} = [a_{ij}^1,\ a_{ij}^2,\ a_{ij}^3,\ a_{ij}^4]$，规范化后对应矩阵为 $R = (r_{ij})_{n \times m}$，其中 $r_{ij} = [r_{ij}^1,\ r_{ij}^2,\ r_{ij}^3,\ r_{ij}^4]$，$i = 1,\ 2,\ \cdots,\ n,\ j = 1,\ 2,\ \cdots,\ m$。则效益型模糊矩阵规范化规则为

$$r_{ij}^k = \frac{a_{ij}^k - \min\limits_{i}(a_{ij}^4)}{\max\limits_{i}(a_{ij}^4) - \min\limits_{i}(a_{ij}^1)}, \quad k=1, 2, 3, 4 \tag{6-6}$$

成本型模糊矩阵规范化规则为：

$$r_{ij}^k = \frac{\max\limits_{i}(a_{ij}^4) - a_{ij}^k}{\max\limits_{i}(a_{ij}^4) - \min\limits_{i}(a_{ij}^1)}, \quad k=1, 2, 3, 4 \tag{6-7}$$

规范化后梯形模糊数按升序重新排列。

（4）若 $A = [a_1, a_2, \overset{\cdot}{a_3}, a_4]$ 为梯形模糊数，其前景价值函数为 $\nu(A) = [a_1^t, a_2^t, a_3^t, a_4^t]$，对任意 $a_i^t(i=1, 2, 3, 4)$ 满足如下规则：

①若 $a_i \geqslant 0$ $(i=1, 2, 3, 4)$，则 $\nu(A) = [a_1^\alpha, a_2^\alpha, a_3^\alpha, a_4^\alpha]$；

②若 $a_i < 0$ $(i=1, 2, 3, 4)$，

则 $\nu(A) = [-\theta(-a_1)^\beta, -\theta(-a_2)^\beta, -\theta(-a_3)^\beta, -\theta(-a_4)^\beta]$；

③若 $a_1 \geqslant 0$，$a_2 < 0$，$a_3 \geqslant 0$，$a_4 < 0$，

则 $\nu(A) = [a_1^\alpha, -\theta(-a_2)^\beta, a_3^\alpha, -\theta(-a_4)^\beta]$。

上述规则均满足 $\alpha, \beta \in [0, 1]$，$\theta > 1$，且参数 α、β、θ 的意义与式（6-2）相同。

6.2 基于前景理论的可信软件质量属性评价模型

本节提出了一个基于前景理论的、适合复杂环境下不确定质量属性评估模型。通过建立质量属性证据模型、质量评价体系及评价指标体系，去除评价环境中的复杂性，确定一定时期、一定环境下满足用户需求的质量属性评价指标体系（第 4.3 节内容，不再复述）；借助于前景理论和模糊理论，消除评估过程中不确定因素，构建一个相对完整的可信软件质量属性评价模型。

6.2.1 质量属性评价模型的构建

采用一个六元组（O, D, E, Q, NF, M）构建可信软件质量属性评价模型：

（1）O 是一个评价对象，表示待评价的可信软件质量属性；

（2）D 是一组参与评价人员的集合，$D = \{d_1, d_2, \cdots, d_n\}$，该集合可以包含可信软件开发者、开发管理者、终端用户、终端用户管理者、软件评估专家等；

（3）E 是质量属性证据模型。它是一种多层树形结构，用于描述、收集并组织可信软件在一定环境、一定时期内满足评价人员评价需要的关键属性和非关键属性证据集合；

（4）Q 是质量属性质量评价体系。它是以质量属性证据模型为基础，确定评价人员的质量属性评价信息。

（5）NF 是质量属性评价指标体系。它是质量属性（关键属性和非关键属性）评价指标的集合，用 $NF = \{nf_1, nf_2, \cdots, nf_m\}$ 表示。它是建立在质量属性证据模型和质量评价体系基础上的一个完整指标体系。一个质量属性指标可以由一个或若干个证据来确定，并通过质量评价体系获得相关评价信息。

（6）M 是质量属性评价方法。可信软件质量属性评价中，针对特定的可信软件开发、运行环境，建立符合用户需求的特定质量属性证据模型（用于确定评估证据信息的管理机制）及其对应的质量评价体系（用于定性或定量确定证据信息的机制），形成质量属性评价指标体系（用于从质量属性证据模型、质量评价体系到确定质量属性评价指标体系的管理机制），并采用相应的方法进行量化分析，去除评价过程中的不确定性、不可靠性，得到可信软件质量属性评价结果，便于可信软件质量属性的决策和管理。

在以上质量属性评价过程中，评价对象 O 和参与评价人员 D 比较易于理解。质量属性证据模型 E、评价体系 Q 和评价指标体系 NF 已经在前面的第 4.3 节进行了详细的阐述，下面对质量属性的评价方法 M 进一步说明。

6.2.2 可信软件质量属性评价方法

针对复杂不确定环境下可信软件质量属性的评价问题，这里提出一种改进前景理论的方法，对可信软件质量属性进行评价。令

①集合 P 表示评价对象 O 评价指标的正理想方案集；

②集合 N_e 表示评价对象 O 评价指标的负理想方案集；

③集合 A 表示评价对象 O 的评价指标信息集，其评估信息可以用模糊数、语言集、精确数等表示，并通过转换关系转换成梯形模糊数形式。且各评估指标权重系数不确定。

将待评估指标集合 A 分别与正、负理想方案 P、N_e 比较，以确定该软件质量属性的最优综合前景值和评价值。具体步骤如下：

第一步：评估信息的收集与集结。

采用第 3.3 节的方法，建立质量属性评价指标体系。针对可信软件质量属性定性质量评价值，参评人员 D 以精确数、语言变量及模糊数的形式给出判断结果 B_{ij}（B_{ij} 表示第 i 个评估者对第 j 个质量属性证据的模糊评价），通过一定的转换关系形成梯形模糊数，组成模糊评价矩阵。由式（6-6）或式（6-7），对模糊评价值进行规范化处理，结果用 $\bar{B}_{ij}$ 表示。

若任一评估者权重为 $\bar{\lambda}_i$，$\bar{\lambda}_i \in [0, 1]$ 且 $\sum_{i=1}^{n} \bar{\lambda}_i = 1$。由乘法法则，加权模糊评价矩阵 $\tilde{B} = [\tilde{B}_{ij}]_{n \times m}$ 为

$$\tilde{B}_{ij} = \bar{\lambda}_i \times \tilde{B}_{ij} = (\bar{\lambda}_i \times \tilde{B}_{ij}^1, \ \bar{\lambda}_i \times \tilde{B}_{ij}^2, \ \bar{\lambda}_i \times \tilde{B}_{ij}^3, \ \bar{\lambda}_i \times \tilde{B}_{ij}^4) \qquad (6\text{-}8)$$

令评价者对软件质量属性的模糊评价结果为 $A = [a_j]_{1 \times m}$，由下式（6-9）集结 n 个决策者的评价结果，即

$$a_j = \sum_{i=1}^{n} \tilde{B}_{ij} \qquad (6\text{-}9)$$

第二步：参照方案的选取。

参考方案一般由评价者根据自己的专业知识、经验及风险偏好来确定。在决策时，决策者更加重视预期与实际的差异，而不是结果本身。

基于前景理论参照点的采集规则[146]，对前景理论中参照点的选择进行改进，将评价者期望获得的软件质量属性各指标最优结果作为正理想点，以评价者能接受该系统质量属性的最基本状态作为负理想点。设软件质量属性评价指标中，正理想点集合为 P，令 $P = \{P_1, P_2, \cdots, P_m\}$；负理想点集合为 Ne，令 $Ne = \{Ne_1, Ne_2, \cdots, Ne_m\}$。则有

$$P = \{P_1, P_2, \cdots, P_m\} = \{\max_{i=1}^{n} \tilde{B}_{i1}, \ \max_{i=1}^{n} \tilde{B}_{i2}, \ \cdots, \ \max_{i=1}^{n} \tilde{B}_{im}\}$$

$$\qquad (6\text{-}10)$$

$$Ne = \{Ne_1, Ne_2, \cdots, Ne_m\} = \{\min_{i=1}^{n} \tilde{B}_{i1}, \ \min_{i=1}^{n} \tilde{B}_{i2}, \ \cdots, \ \min_{i=1}^{n} \tilde{B}_{im}\}$$

$$\qquad (6\text{-}11)$$

第三步：评价指标体系收益值和损失值的确定。

以正理想点为参照点时，评价指标体系 A 是劣于正理想方案 P

的，对于评价者来说，他面临损失，追求风险。因此，计算评价指标体系到正理想点的距离时，有 $0.5 \leqslant \lambda_- \leqslant 1$。则评价指标到正理想点的距离为

$$d_{\lambda_-}(A, P) = \{ d_{\lambda_-}(a_j, P_j) \}，j = 1, 2, \cdots, m \qquad (6\text{-}12)$$

以负理想点为参照点时，评价指标体系 A 是优于负理想方案 Ne 的。评价者获得收益，厌恶风险。若此时计算评价指标体系到负理想点的距离时，有 $0 \leqslant \lambda_+ < 0.5$。则评价指标到负理想点的距离为

$$d_{\lambda_-}(A, Ne) = \{ d_{\lambda_-}(a_j, Ne_j) \}，j = 1, 2, \cdots, m \qquad (6\text{-}13)$$

第四步：正、负前景值的确定。

根据前景理论价值函数、决策权重的确定方法，与正理想方案 P 比较时，评价结果为损失，此时评价指标到正理想点的距离小于零，即 $d_{\lambda_-}(a_j, P_j) < 0$，其价值函数为

$$v_{ij}^- = -\theta(-d_{\lambda_-}(a_j, P_j))^\beta \qquad (6\text{-}14)$$

其前景权重函数计算公式为

$$\pi^-(w_j) = \frac{w_j^\xi}{[w_j^\xi + (1 - w_j^\xi)]^{\frac{1}{\xi}}} \qquad (6\text{-}15)$$

同理，评价结果与负理想方案 Ne 比较时，评价结果为收益，此时评价指标到负理想点的距离不小于零，即 $d_{\lambda_-}(a_j, Ne_j) \geqslant 0$，其价值函数为

$$v_{ij}^+ = (d_{\lambda_-}(a_j, Ne_j))^\alpha \qquad (6\text{-}16)$$

其前景权重函数计算公式为

$$\pi^+(w_j) = \frac{w_j^\xi}{[w_j^\xi + (1 - w_j^\xi)]^{\frac{1}{\xi}}} \qquad (6\text{-}17)$$

根据前景价值的确定方法，用正、负前景值之和 V_i 表示评估方

案的综合前景值 计算公式为

$$V_i = \sum_{j=1}^{m} \nu_{ij}^+ \pi^+ (w_j) + \sum_{j=1}^{m} \nu_{ij}^- \pi^- (w_j) \qquad (6-18)$$

第五步：评价模型的构建与求解。

基于前景理论，对于任一评价方案，其综合前景值总是越大越好。但必须满足一个基本前提：评价方案必须建立在一个统一的标准下才能进行比较。因此，评价方案的综合前景值必须来自同一准则下的权重向量 $w = (w_1, w_2, \cdots, w_m)$，为此，建立多目标优化模型

$$\max V = (V_P, V_{Ne}, V_A) \qquad (6-19)$$

因此有

$$\begin{cases} \max V = \sum_{i=1}^{3} \sum_{j=1}^{m} \nu_{ij}^+ \pi^+ (w_j) + \sum_{i=1}^{3} \sum_{j=1}^{m} \nu_{ij}^- \pi^- (w_j) \\ s.t \qquad \sum_{j=1}^{m} w_j = 1, \qquad 0 \leqslant w_j \leqslant 1 \end{cases} \qquad (6-20)$$

显然模型（6-20）是一个约束的非线性模型，采用 MATLAB 程序设计语言 *Optimization* 工具中 *fmincon* 函数、序列二次规划（SQP）算法获得最优解 $w^* = (w_1^*, w_2^*, \cdots, w_m^*)$。则评价对象 O 的最优综合前景值为：

$$V_i = \sum_{j=1}^{m} \nu_{ij}^+ \pi^+ (w_j^*) + \sum_{j=1}^{m} \nu_{ij}^- \pi^- (w_j^*) \qquad (6-21)$$

由式（6-21）确定软件质量属性的正、负理想方案及该软件质量属性自身的综合前景值，分别为 V_P，V_{Ne}，V_A。

第六步：评价值的确定。

定义 κ 为评价值，用来判断软件质量属性的综合前景值与基本接受状态评估结果的偏离程度及对预期最优结果的接近程度，如下式（6-22）所示。

$$\kappa = \frac{V_A - V_{Ne}}{V_P - V_{Ne}} \qquad\qquad (6-22)$$

显然，κ 值越大，表明软件质量属性的评价结果越理想。

6.3 可信软件质量属性评价模型的应用实例及分析

6.3.1 实例简介

本节仍以第 5.4.1 节的矿山数字化软件系统 DMSS 为研究对象，重点说明其质量属性评价指标的构建、评价方法的具体应用及评价者有限理性、风险偏好对评价结果的影响，验证上述质量属性评价模型。

6.3.2 模型应用与结果分析

根据第 6.2 节，采用一个六元组（O, D, E, Q, NF, M）构建 DMSS 质量属性评价模型：

（1）O 表示 DMSS 的质量属性。

（2）D 是一个由三人组成的评价小组，用集合 $D = \{d_1, d_2, d_3\}$ 表示，设其小组成员权重分别为 0.3、0.3、0.4。

（3）E 是 DMSS 质量属性证据模型。它是一种多层树形结构，结合质量属性的划分，分成关键证据和非关键证据两大类；在该证据模型中，用 E_{i-j} 表示质量属性的第 i 个证据子类的第 j 个直接证据。

（4）Q 是 DMSS 质量属性质量评价体系。它是以质量属性证据模型为基础，确定评估人员对质量属性的评价信息。其中，定量证据可以采用精确数、区间数及梯形模糊数表示；定性证据用不确定语言变量集 $S = \{s_0, s_1, \cdots, s_6\}$ 表示。用 $Q_{i-j}P$、$Q_{i-j}d_t$、$Q_{i-j}Ne$ 分别表示第 i 个证据子类的第 j 个直接证据的正理想点、第 t 个评估专家

评估结果及第 i 个证据子类第 j 个直接证据的负理想点。

（5）NF 是 DMSS 质量属性评价指标体系。它是质量属性（关键属性和非关键属性）评价指标的集合，N_{i-jr} 表示质量属性评价指标模型的第 i 个子类第 j 个父类的第 r 个评价指标。具体指标体系如图 6-2 所示。

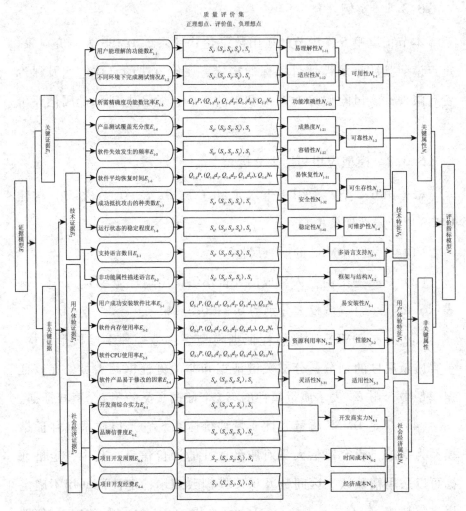

图 6-2 DMSS 质量属性评价模型

图 6-2 中部分没有明确标示的信息为：

$Q_{1-3}P$，（$Q_{1-3}d_1$，$Q_{1-3}d_2$，$Q_{1-3}d_3$，），$Q_{1-3}Ne=$（0.9，0.9，1，1），（（0.85，0.85，0.9，0.9），（0.8，0.8，0.9，0.9），（0.8，0.8，0.85，0.85）），（0.55，0.55，0.65，0.65）；

$Q_{1-6}P$，（$Q_{1-6}d_1$，$Q_{1-6}d_2$，$Q_{1-6}d_3$，），$Q_{1-6}Ne=$（0，0，0.0769，0.1538），（（6，6，16，16），（6，6，14，14），（4，4，10，10）），（0.3846，0.4615，0.5385，0.6154）；

$Q_{3-1}P$，（$Q_{3-1}d_1$，$Q_{3-1}d_2$，$Q_{3-1}d_3$，），$Q_{3-1}Ne=$（1，1，1，1），（（0.8，0.8，0.9，0.9），（0.75，0.75，0.85，0.85），（0.85，0.85，0.9，0.9）），（0.6，0.6，0.6，0.6）；

$Q_{3-2}P$，（$Q_{3-2}d_1$，$Q_{3-2}d_2$，$Q_{3-2}d_3$，），$Q_{3-2}Ne=$（0.2，0.25，0.35，0.4），（（0.3，0.3，0.45，0.45），（0.2，0.2，0.4，0.4），（0.4，0.4，0.5，0.5）），（0.75，0.8，0.85，0.9）；

$Q_{3-3}P$，（$Q_{3-3}d_1$，$Q_{3-3}d_2$，$Q_{3-3}d_3$，），$Q_{3-3}Ne=$（0.8462，0.9231，1，1），（（0.35，0.4，0.45，0.5），（0.25，0.25，0.4，0.4），（0.25，0.23，0.4，0.45）），（0.3846，0.4615，0.5385，0.6154）。

（6）M 是质量属性评价方法。

本模型以前景理论为主要评价方法。

首先，借鉴文献【159】的方法及公式（4-2），将不确定语言集转换成梯形模糊数的形式。如表 6-1 所示。

表 6-1　语言变量集的梯形模糊数

语言评估集	评价含义	梯形模糊数
s_0	非常弱（低/短/少）	$[0.0000, 0.0000, 0.0769, 0.1538]$
s_1	很弱（低/短/少）	$[0.0769, 0.1538, 0.2308, 0.3077]$
s_2	弱（低/短/少）	$[0.2308, 0.3077, 0.3846, 0.4615]$
s_3	一般	$[0.3846, 0.4615, 0.5385, 0.6154]$
s_4	强（高/长/多）	$[0.5384, 0.6154, 0.6923, 0.7692]$
s_5	很强（高/长/多）	$[0.6923, 0.7692, 0.8462, 0.9231]$
s_6	非常强（高/长/多）	$[0.8462, 0.9231, 1.0000, 1.0000]$

以该系统的关键属性为例具体说明评价模型。

定义该系统质量属性直接证据的最理想质量评价集合为 P（正理想方案），评估小组所能接受的最基本质量属性质量评价集合为 Ne（负理想方案）。结合表（6-1）及式（6-6）~式（6-9），则评估信息收集与集结结果如表 6-2 所示。

表 6-2 可信属性的评估及集结

直接证据	可信属性	P	d_1	d_2	d_3	$A = \sum_{i=1}^{3} d_i \times \tilde{\lambda}_i$	Ne
E_{1-1}	N_{1-11}	s_6	s_5	s_6	s_6	$[0.8000, 0.8769, 0.9539, 0.9769]$	s_3
E_{1-2}	N_{1-12}	s_6	s_6	s_5	s_6	$[0.8000, 0.8769, 0.9539, 0.9769]$	s_3
E_{1-3}	N_{1-13}	$[0.9, 0.9, 1, 1]$	$[0.85, 0.85, 0.9, 0.9]$	$[0.8, 0.8, 0.9, 0.9]$	$[0.8, 0.8, 0.85, 0.85]$	$[0.8150, 0.8150, 0.8800, 0.8800]$	$[0.55, 0.55, 0.65, 0.65]$
E_{1-4}	N_{1-21}	s_6	s_5	s_4	s_5	$[0.6462, 0.7231, 0.8000, 0.8769]$	s_3
E_{1-5}	N_{1-22}	s_0	s_1	s_2	s_2	$[0.1846, 0.2615, 0.3385, 0.4154]$	s_3
E_{1-6}	N_{1-31}	s_0	$(6, 6, 16, 16)$	$(6, 6, 14, 14)$	$(4, 4, 10, 10)$	$[0.1000, 0.1000, 0.7500, 0.7500]$	s_3
E_{1-7}	N_{1-32}	s_6	s_5	s_5	s_6	$[0.7539, 0.7539, 0.9077, 0.9539]$	s_3
E_{1-8}	N_{1-41}	s_6	s_5	s_5	s_6	$[0.7539, 0.7539, 0.9077, 0.9539]$	s_3

相对于正理想点，评估者是追求风险的，设 $\lambda_- = 0.8$。相对于负理想点，评估者是获得收益的，设 $\lambda_+ = 0.3$。由式（6-12）、式（6-13）及表（6-2）中相关信息，则评价指标体系到正、负理想点的距离分别为 $d_{0.8}(A, P)$、$d_{0.3}(A, Ne)$。

$$d_{0.8}(A, P) = \begin{bmatrix} 0 & 0 & 0 & 0 & 0 & 0 & 0 & 0 \\ -0.0369 & -0.0369 & -0.1130 & -0.1692 & -0.2539 & -0.5277 & -0.0738 & -0.0738 \\ -0.4309 & -0.4309 & -0.3500 & -0.4309 & -0.4539 & -0.4539 & -0.4309 & -0.4309 \end{bmatrix}$$

$$d_{0.3}(A, Ne) = \begin{bmatrix} 0.4500 & 0.4500 & 0.3500 & 0.4500 & 0.4346 & 0.4346 & 0.4500 & 0.4500 \\ 0.4073 & 0.4073 & 0.2545 & 0.2616 & 0.2000 & 0.1742 & 0.3647 & 0.3647 \\ 0 & 0 & 0 & 0 & 0 & 0 & 0 & 0 \end{bmatrix}$$

将 $d_{0.8}(A, P)$、$d_{0.3}(A, Ne)$ 分别代入式（6-14）、式（6-16）确定价值函数。其中 α、β、θ 的取值参考文献【160】的实验数据：$\alpha = 0.88$，$\beta = 0.88$，$\theta = 2.25$。则该系统关键属性的前景矩阵分别为

$$V = \begin{bmatrix} 0 & 0 & 0 & 0 & 0 & 0 & 0 & 0 \\ -0.1234 & -0.1234 & -0.3303 & -0.4712 & -0.6734 & -1.282 & -0.2270 & -0.2270 \\ -1.0726 & -1.0726 & -0.8932 & -1.0726 & -1.0726 & -1.1228 & -1.0726 & -1.0726 \end{bmatrix}$$

$$V^+ = \begin{bmatrix} 0.4953 & 0.4953 & 0.3970 & 0.4953 & 0.4803 & 0.4803 & 0.4953 & 0.4953 \\ 0.4537 & 0.4537 & 0.2999 & 0.3073 & 0.2464 & 0.2148 & 0.4116 & 0.4116 \\ 0 & 0 & 0 & 0 & 0 & 0 & 0 & 0 \end{bmatrix}$$

由式（6-15）、式（6-17）确定评估者面临损失和收益时的前景权重函数，其中 ξ、ζ 值的取值参考文献【160】的实验数据：$\xi = 0.61$，$\zeta = 0.69$。由式（6-19）及（6-20），关键属性证据指标最优权重向量 $w^* = [0.1, 0.1, 0.05, 0.05, 0.15, 0.15, 0.2, 0.2]$。用相同的办法，可以得到用户体验特征、技术特征及社会经济属性证据指标的最优权重向量，具体数值如下表（6-3）所示。

表 6-3　系统质量属性评估指标体系的权重值

评估指标子类	w^*	指标子类权重
关键属性	[0.1, 0.1, 0.05, 0.05, 0.15, 0.15, 0.2, 0.2]	[0.25, 0.2, 0.35, 0.2]
用户体验特征	[0.3, 0.3, 0.1, 0.3]	[0.3, 0.4, 0.3]
技术特征	[0.5, 0.5]	[0.5, 0.5]
社会经济属性	[0.2, 0.2, 0.4, 0.2]	[0.4, 0.4, 0.2]

由式（6-21），该系统关键属性正理想点、评估指标、负理想点的综合前景值分别为：$V_P = 0.7783$，$V_A = -0.1044$，$V_{Ne} = -1.6219$。由式（6-22）得到关键属性的评估值为 $\kappa = 0.6323$。

同理可得该系统用户体验特征、技术特征、社会经济属性的综合前景值及其正、负理想方案的综合前景值、评估值如表（6-4）。

表 6-4　系统质量属性综合前景值及其评估值

评估指标子类	V_P	V_A	V_{Ne}	κ
关键属性	0.7783	−0.1044	−1.6219	0.6323
用户体验特征	0.5873	−0.1754	−1.3105	0.5981
技术特征	0.4010	0.0573	−0.9737	0.7500
社会经济属性	0.5183	0.1499	−1.1392	0.7777

由表 6-4，具体分析评价结果，可知：

（1）评估指标在其评估子类中的最优权重值（w^*）。这个权重值是根据评价指标的相关信息结合前景理论而获得的权重值，确定的权重值既体现了评价者的有限理性及其经验、专业知识，又还原了各个评价指标在评估子类中的客观重要性程度；是一个相对比较客观的值，结合表（6-3）可以确定各个指标子类在整个评价体系中的重要程度。

（2）评估对象的综合前景值（V_A），是一个绝对量，是以正、负理想点为参照点，评估专家对系统质量属性评估结果的数值反映，也是评估对象的最优综合前景值。

（3）评估值（κ），是一个相对量，是结合了最优期望结果（正理想点的综合前景值）、最低满足状态（负理想点的综合前景值）而确定的相对值，表明了实际评估结果对最优期望结果的接近程度。

进一步对最优综合前景值和评估值分析，有

（1）结合可信软件的定义，定义系统各评估子类的评估值 κ 必须大于 0，这意味着系统质量属性评估结果必须高于对其的基本要求（负理想点），这个要求不仅对普通软件质量属性适应，也适应于可信软件。

（2）可信软件是比其他软件更值得信任的系统，因此进一步要求其最优综合前景值 V_A 也必须大于零，即可信软件质量属性的正前景价值不小于负前景价值的绝对值（$\sum_{j=1}^{m} \nu_{ij}^{+} \pi^{+}(w_j^{*}) \geqslant \left| \sum_{j=1}^{m} \nu_{ij}^{-} \pi^{-}(w_j^{*}) \right|$），这意味系统质量属性的前景价值更接近于最优期望状态而远离其基本可接受状态，系统质量属性有良好的综合前景价值，符合可信软件的要求。

结合上述分析，我们可以定义如下评估标准，如表 6-5 所示。

表 6-5　综合前景值（V_A）及评价值（κ）对系统评估的影响

变动范围	$\kappa \leqslant 0$	$0 < \kappa \leqslant 0.5$	$\kappa > 0.5$
$V_A < 0$	系统达不到评价人员对可信软件的要求，运行风险性高，不建议投入使用		
$V_A \geqslant 0$	评价结果达不到最低接受状态，建议修改系统	评价结果比较让人满意，系统可以投入使用	评价结果非常让人满意，完全达到了可信软件的要求，可以放心使用

由此可知，DMSS 技术特征和社会经济属性完全达到了可信软件质量属性的要求。但是，关键属性和用户体验特征的综合前景值比

较差，系统达不到评价人员对软件系统的要求，运行风险性高，建议对其进行有针对性的修改评价后再考虑其应用。

6.4 有限理性对软件质量属性评价结果的影响及分析

6.4.1 有限理性对软件质量属性评价结果的影响研究

为了探讨有限理性对复杂不确定环境下软件质量属性评价结果的影响，将 6.2 节构建的评价模型与文献【62】所提出的、同样适用于不确定环境下的改进证据理论方法进行比较。仍以上述实例中软件质量属性的评价为例。由实例中的三位专家组成评价团队确定效用函数，令 $H = \{H_1, H_2, H_3, H_4, H_5\}$ 为 DMSS 系统质量属性统一识别框架，各等级的效用为 $u(H) = \{u(H_i), i = 1, 2, 3, 4, 5\} = \{0, 0.25, 0.50, 0.75, 1\}$，收集数据、确定属性权重并计算折扣因子，具体信息如表 6-6 所示。

表 6-6　基于证据理论的可信属性评估信息

质量属性	叶子节点	权重	质量属性评估值	折扣因子	类型
N_{1-1}	$N_{1-1,1}$	0.4	$\{(H_3, 0.562), (H_4, 0.438)\}$	0	定量
	$N_{1-1,2}$	0.4	$\{(H_4, 0.52), (H_5, 0.4)\},$ $\{(H_4, 0.18), (H_5, 0.76)\},$ $\{(H_4, 0.21), (H_5, 0.65)\}$	0.035, 0.046, 0	定性
	$N_{1-1,3}$	0.2	$\{(H_4, 0.84), (H_5, 0.11)\},$ $\{(H_3, 0.65), (H_4, 0.29)\},$ $\{(H_3, 0.72), (H_4, 0.17)\}$	0, 0.4182, 0	定性
N_{1-2}	$N_{1-2,1}$	0.25	$\{(H_3, 0.246), (H_4, 0.754)\}$	0	定量
	$N_{1-2,2}$	0.75	$\{(H_4, 0.126), (H_5, 0.874)\}$	0	定量
N_{1-3}	$N_{1-3,1}$	0.42	$\{(H_3, 0.478), (H_4, 0.522)\}$	0.2797	定量

续表

质量属性	叶子节点	权重	质量属性评估值	折扣因子	类型
	$N_{1-3,2}$	0.58	$\{(H_3, 0.29), (H_4, 0.62)\},$ $\{(H_4, 0.74), (H_5, 0.12)\},$ $\{(H_4, 0.69), (H_5, 0.23)\}$	0.227, 0, 0.0518	定性
N_{1-4}	$N_{1-4,1}$	1	$\{(H_4, 0.695), (H_5, 0.305)\},$ $\{(H_3, 0.19), (H_4, 0.81)\},$ $\{(H_3, 0.472), (H_4, 0.528)\}$	0.1107, 0, 0	定性

采用证据理论与折扣因子的方法，解决数据的不确定性问题，并对数据信息进行修正，最终质量属性评估结果如表6-7所示。

表6-7　基于证据理论的质量属性评价结果

质量属性及其子类	不确定性评价值	最终效用（评价值）
可用性	$\{(H_3, 0.1936), (H_4, 0.3857), (H_5, 0.4218)\}$	0.8123
可靠性	$\{(H_3, 0.1654), (H_4, 0.4302), (H_5, 0.3918)\}$	0.8016
可生存性	$\{(H_3, 0.2811), (H_4, 0.4015), (H_5, 0.2559)\}$	0.7021
可维护性	$\{(H_3, 0.1064), (H_4, 0.6857), (H_5, 0.1661)\}$	0.7380
质量属性	$\{(H_3, 0.3697), (H_4, 0.5652), (H_5, 0.1669)\}$	0.7801

借助于证据理论方法对应用实例进行质量属性的评价，其评价值为0.7801。根据文献【62，103】给出的软件可信决策集，认为该系统可信性一般，在运行时风险较低。显然这与本文评价模型所获得的结果之间存在差异。实际上，文献【62】在分析过程中没有考虑评价者的有限理性对评价结果的影响，这是一种完全理性条件下得出的结论。在后续6.4.2节中将会证实：这种在完全理性条件下获得的评价结论是最理想但与实际评价存在一定偏差的结果。

6.4.2　有限理性的变化对软件质量属性评价结果的影响研究

本章以前景理论为主要理论基础，建立了软件质量属性评价模型。但是，前景理论中，涉及五个必不可少的参数。其中，参数 α、β、θ 的取值，经过了多次实验，有相关实验数据和文献的支持，且获得了同行专家们的一致认可和使用。但与评价者风险偏好相关的参数 λ_+、λ_-，则是在规定取值范围内根据评价者的经验设定的。

在评价过程中，不同评价者的风险偏好不尽相同，为了结论的正确与全面，有必要讨论 λ_+、λ_- 取值变化对评价结果的影响：

（1）当质量属性的实际评价结果与正理想点比较时，λ_- 的取值范围是 $\lambda_- \in [0.5, 1]$。当 $\lambda_- = 0.5$ 时，评价者是完全风险中性的；λ_- 的取值越趋近于 1，评价者越喜好风险；当 $\lambda_- = 1$，我们认为评价者过分喜好风险，完全不理性。

（2）当质量属性的实际评价结果与负理想点比较时，有 λ_+ 的取值范围是 $\lambda_+ \in [0, 0.5)$。λ_+ 的取值越趋近于 0，评估者越规避风险，当 $\lambda_+ = 0$，我们认为评估者是完全理性的。

在这里，我们仍以上节应用实例中的系统关键属性为例，探讨 λ_+、λ_- 取值变化对关键属性综合前景值（V_A）及评价结果（κ 值）的影响。具体结果如图（6-3）所示。

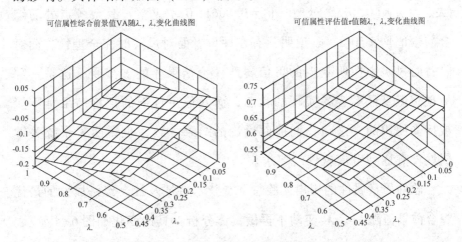

图6-3 λ_+、λ_- 取值变化对最优综合前景值及评价值的影响

分析上图 6-3，可知评价者的风险偏好对评价结果的影响，表现在：

（1）评价者面临损失追求风险时，风险偏好（λ_-）对最优综合前景值、评价值的影响大于获得收益规避风险时风险偏好（λ_+）对它们的影响，即单位 λ_- 变动对 V_A 值、κ 值的影响大于单位 λ_+ 变动对这两个值的影响，这从图 6-3 中，Y 轴的斜率明显大于 X 轴的斜率可知；

（2）评价者在完全理性的条件下（$\lambda_+ = 0$）得到的最优综合前景值和评估值明显优于相同环境下有限理性的结果；而在完全不理性环境下（$\lambda_- = 1$）做出的结果是一种最差的评价结果；这与我们的认识是一致的，证明了我们模型的有效性。

（3）评价者风险偏好与最优综合前景值、评价值近似呈线性关系，近似形成平面，这与前景理论中函数的选择相关。

（4）评价者风险偏好对评估结果的影响比较大，这主要体现在评价对象的综合前景值上，如上例中，关键属性评价结果只有在点 $(\lambda_+, \lambda_-) = (0, 0.5)$ 处时，$V_A = 0.0061 > 0$ 才成立，其余各点处的综合前景值均小于 0，这说明只有在评价者面对风险时完全理性，面对收益时风险中性所获得的可信属性评价结果才能被接受，这是一种最理想但是最不容易实现的状态，而其他条件下的评价结果是不能被接受使用的，这与我们前面讨论的结果一致，也说明了系统关键属性没有达到可信软件的要求。

软件质量属性的用户体验特征、技术特征及社会经济属性的最优综合前景值随 λ_+、λ_- 变动不再做具体分析，具体变化如图 6-4 所示。

比较图 6-3 与图 6-4 的整体变化趋势，是基本一致的，可知评价者对用户体验特征、技术特征及社会经济属性的风险偏好变化与上述相同，在这里我们不再重复阐述。

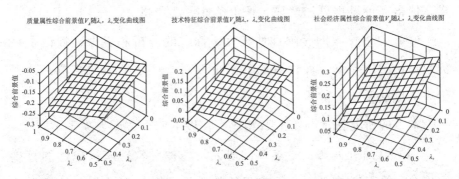

图6-4 质量特征、技术特征、社会经济属性的最优综合前景值随 λ_+、λ_- 变化

本小节我们没有讨论评价者有限理性的变化对评价值 κ 变动的影响。这是因为评价值 κ 是一个相对量，有限理性变化的同时影响了正负理想点最优综合前景值的变化。所以，没有讨论的意义。

6.5 本章小结

本章的研究是在第三章基于用户需求的可信软件质量属性及其评价指标体系的基础上，考虑可信软件质量属性的评价过程中，评价者存在风险偏好及有限理性的前提下，基于前景理论，通过构建"框架"、参照点来处理信息，评价软件质量属性的一种主观与客观相结合的方法，与其他研究工作相比，本章具有以下特点：

（1）质量属性评价指标体系的确定，是根据可信软件的特征及其所处环境、评估者的需要而产生的，不局限于特定形态和标准，具有普适性。

（2）在评价方法的选择上，以前景理论为理论基础，既考虑了评估对象指标的定性和定量属性，又考虑了评价者的主观性，使得评价方法能适合任何复杂不确定环境，更加科学合理。

（3）对可信软件质量属性提出了比普通软件质量属性更高的要求，使得评价过程更加严谨，评价条件更加严格。

（4）对评价者的有限理性进行了深入的分析和思考，探讨了在前景理论的指导下，评价者的有限理性对于评估结果的影响，使评价方法更加严谨、科学。

本章的研究方法与第五章相比，在以下四个方面表现了不同：

（1）在研究方法上：本章的研究是一种对软件质量属性的直接评价，而第五章的研究，是基于软件质量属性之间的相互关系及关系的传递，是一种间接的研究方法；

（2）在考虑评价者理性方面：本章的研究，考虑了评价者的有限理性及风险偏好，这种研究更加符合评价的实际，而第五章的研究，前提假设是评价者是完全理性的，其评价结果可能是最"完美"的，但可能不是最符合实际的；

（3）在研究的整体性方面：本章的研究，是对满足用户需求的可信软件质量属性的整体性的研究及评价，而第五章的研究，由于更多地考虑软件体系结构、实现质量属性的构件及构件内部质量属性之间的相互关系，是对软件产品本身的研究，所以对评价者提出了更多的软件专业性质方面的要求，其研究更加复杂，不可能考虑很多质量属性，其研究可能更注重关键属性的研究；

（4）在研究的角度方面：本章的研究更多的是从软件用户的角度对软件质量属性的评价；而第五章的研究，则是从软件用户及软件设计开发者对软件质量属性评价结果一致性判断的角度进行的研究。

其具体比较如表6-8所示。

表 6-8　第五章研究方法与第六章研究方法的比较

比较的方面		第五章研究方法	第六章研究方法	优缺点
研究方法	直接方法		√	存在主观性
	间接方法	√		更加科学
评价者理性	有限理性		√	更加符合评价的实际
	完全理性	√		结果最为完美，但可能不是最符合实际的
评价的整体性	整体研究		√	更加全面
	部分研究	√		只能考虑部分质量属性
评价的角度	一致性评价	√		考虑了软件设计开发者及用户评价的一致性
	软件使用者		√	没有考虑一致性问题

综上所述，上述两种评价方法各有利弊，在不同的评价环境与用户需求下，可以考虑使用其中的某一种方法，但我们不能笼统地说哪种方法更加优越。

值得我们注意的是：软件始终是在一个动态的环境下运行的，上述两种方法都只考虑了软件运行在某一种状态下的评价，而在一个动态的、连续的环境下，尤其是可信软件在受到干扰的环境下，可信软件质量属性的演变及评估问题，还有待进一步研究，这也将是我们第七章研究的主要问题。

第七章 基于元胞自动机的可信软件质量属性动态评价方法研究

在前面的章节中，我们从用户需求的角度，对可信软件质量属性进行了间接和直接的分析、评价。但软件是在不断运行的，其运行环境时刻发生变化。尤其是软件在受到干扰时，软件系统的行为和结果是否总是符合用户的预期，并能提供连续服务？在确定了软件系统可信性的情况下，随着系统状态改变，其可信性是否也相应发生变化？软件是否能保持用户对其可信性的要求？这些都涉及软件质量属性动态评价/预测的问题，也是可信软件研究领域一个重要的问题。

结合软件质量属性的特性及软件运行状态变化的特点，本章借助于元胞自动机及信息熵的相关理论，对软件系统在受到干扰后质量属性评价值的变化过程进行模拟仿真，以期通过这种方式对可信软件质量属性进行动态评价/预测，为可信软件质量属性的管理研究提供理论基础和依据。

7.1 研究基础

7.1.1 软件质量属性动态评价与预测研究

软件质量属性动态评价的研究是软件工程、系统工程、管理科学与工程等多个学科领域的交叉，是依据管理科学的相关理论，把具体方法与模型应用于软件工程中，对软件质量属性进行实时评价与预测的过程。这类方法能够有效捕获软件运行时软件运行状态的特征，预测软件运行中可能出现的各种情景，以指导软件生产企业确定软件测试工作的重点环节，提高软件产品质量，确保软件使用过程中的有效性，有利于提高用户对软件产品的信任度。

比较常用的动态评价/预测软件质量属性的方法主要有两种：

（1）统计分析的方法

这是一类比较传统的分析方法，该方法将需要进行动态评价/预测的质量属性指标看作是依赖于某个统计度量元的连续函数，采用一个具体的模型不断逼近这个函数。由此软件质量属性动态评价/预测方法就转化为对于一个未知多元函数的拟合问题，并通过拟合结果实现软件质量属性评价值的预测。

Lionel C. Briand 等人基于面向对象度量集，建立了一个区分软件易错模块的质量预测模型[161]，采用 Multivariate Adaptive Regression Splines（MARS）的回归分析方法，将一个中型 Java 软件系统的相关数据作为预测数据，通过预测模型的构建，将研究结果应用于相同团队开发的其他 Java 软件系统，结果表明：与单纯依靠相关关系处理的经典逻辑回归模型相比，该模型有更强的适应能力和更准确的预测结果。T. M. Khoshgoftaar 等人采用了基于统计方法学的判断分析（Discriminant Analysis，DA）软件质量预测模型[162]，并将之运用于大型通信系统取得了良好的效果。Zhengping Ren 等人基于实践经验和统计理论，采用参数估计的方法建模安全关键系统的可信度度量，并基于贝叶斯分析，一个应用于具体评估值的可信度量分析方法被用来解决安全度量获取的问题[163]。

（2）机器学习的方法

机器学习的方法是将训练集中的样本数据进行机器训练，再利用训练得到的质量属性动态评价模型对软件下一个状态进行测试，给出该软件质量属性的评价信息。这种机器学习的方法关键是如何设计和实现训练算法，使得计算机能自动学习历史信息和数据，形成对应的模型来分析特定的复杂问题或是做出某些决策。

其具体的实现步骤如下：

步骤1：确定需要评价的软件质量属性及其在不同状态下的评估值；

步骤2：在实际软件项目中，采集这些软件质量属性度量元的一定数量的数据信息，并把数据划分为训练数据集和测试数据集，一般说来，训练数据集的数量要远大于测试数据集，才能保证模型的有效性及准确性；

步骤3：根据已经获得的训练数据集数据进行模型的训练，并建立与之对应的预测模型；

步骤4：根据第三步建立的预测模型，对测试数据集的数据进行预测，并确定模型的有效性；

步骤5：输入待测软件相关的质量属性元信息，完成软件质量属性的预测。

Kanmani S. 等人提出了基于多层感知神经网络和监督学习机制的软件质量预测模型[164]，该模型主要用于面向对象软件系统的预测及分类，同时，对由继承性和多态性导致的软件缺陷问题也给予了考虑。Karim O. Elish[165] 等人把支持向量机（Support Vector

Machines，SVM）应用于软件模块的质量预测上，并在四个美国国家航空航天局（NASA）的相关数据集上与传统的模型进行了软件质量预测性能的比较。

使用上述统计分析或机器学习的方法对软件质量属性进行动态评价/预测，既可以帮助软件开发和测试人员在软件系统开发早期阶段，就对软件系统的错误或缺陷进行探测与追踪，也可以在软件设计开发初步完成后，对软件质量属性进行整体把握，其具体介入的时期取决于待评价的软件质量属性的类型、数量、软件质量属性历史数据信息及软件专家们的工作经验[166]。

此外，一些其他的模型或者方法也曾应用于软件质量属性的动态评价，如：

（1）随机 Petri 网模型：由于随机 Petri 网能较好地表示并发、同步、因果关系，将 Petri 网用于系统可靠性评价分析、软件复用的分析也是可行的。Nianhua Yang 等人提出了一种基于随机 Petri 网（SPNs）的软件安全性定量预测模型[167]，在模型中，作者采用了层次方法消除随机 Petri 网的空间爆炸问题，并通过构建随机 Petri 网模型，获得一个同构的马尔科夫链，用以定量预测软件安全性。

（2）架构知识共享：架构知识共享是系统工程领域一个比较常见的定性研究系统架构的方法，在系统评价方面，该方法也能取得良好的效果。如针对架构知识共享在实际应用中缺乏定量性的问题，Peng Liang 等使用四个架构知识共享的案例研究对预测模型进行修正，产生一个新的质量预测模型，该模型能有效地提高预测软件质量的精确性，并在软件质量的预测效果和精确性之间获得一个平衡[168]。

7.1.2　元胞自动机的提出及相关概念

元胞自动机（Cellular Automata，CA）是 20 世纪 50 年代由冯 .

诺依曼（J. Von Neumann）为模拟生物体中的复制行为而提出的，它能通过简单的基元和简单的规则刻画产生复杂现象，从而具有模拟复杂系统的能力。之后，随着计算机技术和科学的进步，国内外的专家、学者广泛地将元胞自动机应用于经济、交通、物理、化学等复杂系统、复杂现象以及人工生命的研究，从而进一步促进了元胞自动机的发展。

元胞自动机是由一系列确定规则的格子组成，每个格子就是一个元胞，又称之为基元，每个元胞可能包含若干个状态，但在任一时间点上元胞只能处于有限状态中的一个状态，同时，受元胞演化规则的影响，任一元胞状态由上一时刻元胞自身状态及指定元胞的状态共同确定。元胞、元胞的状态空间、元胞邻居集及元胞的演化规则四个部分构成了元胞自动机的组成部分[169]。任一元胞的初始状态可用四元组表示：

$$A = (L_d, \ S, \ N, \ f) \qquad\qquad (7-1)$$

其中，A 为元胞自动机系统。

L_d 为元胞空间，它是离散的一维、二维或多维欧几里德空间的格点集合，即它可以是任意维数欧几里德空间的规则划分；d 为元胞空间维数。

S 为元胞的有限状态集；元胞的状态取值都是一个有限的离散集，一般情况下人们倾向于元胞取 $\{0, 1\}$ 作为状态集。

N 为元胞所有邻居内的组合，是包含 m 个不同元胞的空间矢量，可记作 $N = (n_1, \ n_2, \ \cdots, \ n_m)$。

f 为 $S^z \to S$ 表示演化规则。

依据上述定义，可知元胞自动机具有五个基本特征：①离散性，表现为元胞自动机中的任一元胞在空间、时间和状态下都是离散的；②多态性，任一元胞的状态集可以包含多个状态；③唯一性，任一时刻任一元胞只能具有一个状态；④局部性，对于任一元胞来说，其演化规则是局部的，仅仅局限于元胞自身及其邻居；⑤无穷性，元胞自动机可以根据演化规则不断演化，具有无穷维动力。

1983 年，Wolfram 根据元胞自动机的定义及其特征，认为元胞自动机的动力学行为可以分成四类[170]：

（1）趋向于一个空间稳定的架构，即所有元胞都处于相同的状态；

（2）趋向于一系列简单的稳定结构或周期性结构；

（3）表现为整体上的混沌、非周期性结构；

（4）出现局部性的混沌，可能是存在一些不规则的演化。

后续的研究者发现，上述分类方法并不是严格意义上的划分，且不具有完整的意义，因为这种划分所获得的分类在很大程度上与低维动力学系统、自组织现象类似，不能称之为严格意义上的数学定义。在这基础上，提出了 3 个更加严格的元胞自动机要求[171]：

（1）满足既定规则的元胞网格涵盖 d 维空间的部分或者全部；

（2）元胞在任一时刻 $t = 0$，1，2，…的状态是以下列的方式（7-2）对应于相应格位 s 的布尔变量

$$\phi(s, t) = \{\phi_1(s, t), \phi_2(s, t), \cdots, \phi_m(s, t)\} \qquad (7-2)$$

（3）演化规则 $R = \{R_1, R_2, \cdots, R_m\}$ 以下列方式、指定状态 $\phi(r, t)$ 随着时间演化：

$$\phi(s, t+1) = R_i[\phi(s, t), \phi(s+\delta_1, t), \phi(s+\delta_2, t), \cdots,$$
$$\phi(s+\delta_q, t)] \qquad (7-3)$$

$s+\delta_k$（$k=1$，2，$\cdots$，q）为元胞 s 的第 k 个给定邻居元胞。

根据元胞自动机的定义，其演化规则是局部的、既定的，任一元胞状态的更新主要取决于其邻近元胞状态及其演化规则。于是有了元胞邻居的概念，所谓元胞邻居是某一元胞在其指定搜索范围内出现的、适用于局部演化规则的元胞。一般要求所有元胞的邻居大小都要相同，且元胞邻居数量上是没有限制的。但实际上，由于演化规则的复杂性，如果元胞邻居过多，往往导致计算复杂度成指数倍增长，所以一般认为只有邻接的若干元胞才构成元胞邻居。

一维元胞自动机通过半径 r 来确定邻居，也就是以某一元胞为中心，在距离该元胞半径为 r 范围内的所有元胞都是该元胞的邻居。如图 7-1 所示，其中颜色较深的元胞是中心元胞，浅色元胞是其邻居，元胞半径 $r=3$。

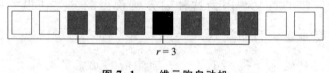

$r=3$

图 7-1　一维元胞自动机

二维元胞自动机的邻居有两种常用形式，分别是 Von. Neumann 型邻居和 Moore 型邻居。Von. Neumann 型邻居，有 4 个邻居，是由位于一个中心元胞（即要演化的元胞）的 4 个邻近方位（东西南北方位）的元胞组成；另一种是 Moore 型邻居，有 8 个邻居，除上述 4 个位置的元胞外，还包括东北、西北、东南和西南方位的 4 个元胞。具体如图 7-2 所示，其中黑色元胞是中心元胞，浅色元胞是其邻居。

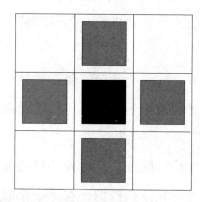
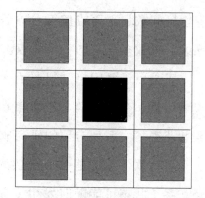

Von.Neumann型元胞邻居　　　　　　Moore 型元胞邻居

图 7-2　两种标准的元胞邻居

一般来说，能否用元胞自动机模拟完成某个问题，主要取决于这个问题是否符合元胞自动机的五个特点[171,172]：

（1）离散性：元胞自动机是一个在空间、时间、状态完全离散的动力系统。这一特征决定了问题的求解可以在计算机上通过演化函数进行计算并精确求解，简化了计算时间与过程。

（2）同质性：具体表现在两个方面：①元胞自动机内的每个元胞都具有相同的演化规则，依据相同的演化函数并服从相同的规律；②元胞的空间分布规则整齐，其大小、方式、形状相同。

（3）局部性：各个元胞在 $t+1$ 时刻的状态，取决于其元胞自身及其邻居元胞在上一个时刻的状态，这表现为元胞在时间、空间上的局部性。

（4）独立性：各元胞在 $t+1$ 时刻的状态变化是独立的，相互之间是没有影响的。

（5）多维性：在动力系统中，变量的个数通常称为维数。如一维动力系统是由区间数映射生成的，二维动力系统是由平面映射生成的，而无穷维动力系统则是由偏微分方程描述的。由此可知，能够由区间数、平面或偏微分方程映射的元胞自动机是一类多维动力系统，维数多是它的一个特点。

正是由于元胞自动机具有上述特点，其在交通流、创新扩散与疾病传播、企业营销、股票市场及创新扩散等领域获得了广泛的应用并获得了一系列丰硕的研究成果[173~183]。

可信软件系统是一个复杂的离散系统，随着系统内外环境的变化，系统状态可能随时发生变化，这种变化是离散的，在下一个时刻的状态变化是独立的，其变化取决于系统当时的自身运行状态及外部环境的变化。可信软件状态变化的特点完全符合元胞自动机的特征，可以通过元胞自动机来实现，但对这个方面的研究尚不多见。因此本章通过建立元胞自动机模型，借助于计算机仿真实验方法对软件质量属性评价值进行模拟，研究软件系统状态变化对质量属性评价值的影响，为可信软件质量属性的动态评价或预测提供参考。

7.1.3　信息熵与耗散理论

熵是在 19 世纪 60 年代，由德国物理学家克劳修斯作为热力学概念提出来的，它是热力学系统的某种状态函数，也是系统紊乱程度的度量[184]。

克劳修斯在研究中发现：在热力学可逆过程中，系统状态的变化，如 $P_0 \rightarrow P_n$，其数值积分 $\int \dfrac{dQ}{T}$ 与路径无关，而仅仅只与系统的初始状态及终态相关。于是他引入熵的概念，满足：

$$\Delta S = S_{P_n} - S_{P_0} = \int_{P_0}^{P_n} \frac{dQ}{T}$$

由上式知，两状态间熵变 ΔS 等于该系统所释放（吸收）的热量与热源温度之比，很显然这是一个相对量。

奥地利物理学家玻尔兹曼（Boltzmann）从分子运动量的角度给出了熵的统计物理学的表达式：

$$S = k\ln\omega \qquad\qquad (7-4)$$

上式中 k 为玻尔兹曼常数，$k = 1.38066\times10^{-23}\mathrm{JK^{-1}}$（$J$ 是焦耳，K 是绝对温度），ω 为该宏观状态所对应的微观状态数，从而熵的定义有了绝对值的概念[185]。式（7-4）表明，系统某一状态熵的大小 S 与该状态时所对应的微观状态数 ω 密切相关。由此可知，若系统对应的微观状态数目越多，分子运动越容易混乱，无序程度越高，系统的熵值也就越大。反之，若微观状态数目越少，分子运动相对稳定，系统的熵值也就越小。玻尔兹曼有序性原理认为：熵是系统内部分子混乱程度或无序程度的量度。

这样，就有了著名的熵增加原理（又称为热力学第二定理）：孤立系统内部所发生的任何变化（或者变换）过程都不会使其熵值减少，即 $\Delta S \geqslant 0$。由该定律可知：在与外界进行物质和能量交换的过程中，任何一个自然系统内部结构熵都会增加，从而使系统趋向于无序状态。因此，为了保持系统原来的状态，就需要产生一个"物质"来减少自然增熵，这种"物质"我们称之为负熵流，它是依赖于环境与系统之间的信息联系和信息反馈控制来实现的。

美国数学家申农（Shannon）和维纳（Wiener）都把信息看成是"一种消除不肯定性"的量，并用"熵"来度量系统的不确定性。他们确定的"熵"，与统计物理学中定义的熵在数学形式、内涵上均一致，从而进一步丰富、发展了熵的内涵与应用。此外，申农推导出了熵 $H(a)$ 的具体计算公式，从数值上估计随机试验的不确定程度，即

$$H(a) = -C \sum_{i=1}^{n} P_i log P_i \qquad (7-5)$$

上式中 H（a）称为试验 a 的熵，P_i 是 n 个互不相容的结果的概率。系数 C 的选择取决于度量单位。当为二进制时，对数的底取为 2，C = 1，则上式（7-5）变为

$$H(a) = -\sum_{i=1}^{n} P_i log_i^{P2} \qquad (7-6)$$

此时计算获得的熵单位为比特（bit）。若取 e 为对数的底，则单位是奈特（nit）。

值得注意的是，式（7-5）是唯一满足下述三个条件的公式，即

①H 是 P（A_i）的连续函数；

②对于有 n 个等概率结果的试验，H 是 n 的单调上升函数；

③当某一试验分成两个相继完成的试验时，未分之前的 H 值是既分之后的 H 值的加权之和。

普利高津（I. Prigogine）在 20 世纪 60 年代提出了耗散理论。他认为，一个远离平衡状态的开放系统，其内部存在着非线性机制，当系统不断与外界进行物质与能量的交换，且其外界条件的变化达到某一阈值时，可能从原有的混沌无序状态，转变为一种在时间、空间或功能上的有序状态，这种新的有序结构，依靠不断地耗散外界的物质和能量来维持，成为一种耗散结构[186]。热力学第二定律（熵增加定律）表明：任何封闭系统从有序发展到无序，其系统内部的熵达到最大。而耗散结构的存在表明开放系统负熵的流入可以补偿系统内部熵的增加，即式（7-7）

$$dS = d_e S + d_i S \qquad (7-7)$$

式中 dS 为系统总熵变，d_eS 是由系统与外界交换能量和物质所引入的负熵，d_iS 是系统内部不可逆过程所产生的熵。根据热力学第二定律，$d_iS \geq 0$ 恒成立，故若想使耗散结构得以存在，引入的负熵流 d_eS 的绝对值必须大于 d_iS。

式（7-7）对于孤立、封闭的系统是不可能实现的，但是对于一个开放的、与外界进行物质和能量交换的系统，负熵流的引入，却为系统从混沌走向有序、形成新的稳定结构提供了一种可能。根据普利高津的理论，一个能与外界环境进行物质能量交换的、远离平衡状态的系统，必须同时遵循热力学第二定律和达尔文进化学说，即系统能通过与外界环境的物质、能量和信息的交换，在一定环境、一定条件下实现自组织，从无序、混沌到有序，从较低的状态向较高的有序状态迈进并形成新的稳定结构，这样就形成了新的进化与发展。

综上所述，熵是描述系统有序状态的物理量：对于一个开放系统，熵的增加将导致系统从有序变成无序，反之，通过与外界进行物质、能量和信息的交换，负熵流使系统从无序变为更高级别的有序状态。因此，可以用熵来刻画复杂系统有序和无序之间的演化。下面就以熵作为衡量系统变化程度的物理量，应用元胞自动机对复杂系统质量属性评价进行仿真模拟。

设软件系统在动态环境下，运行状态的分布服从离散的样本空间 A，其可能的取值空间为 $A = \{a_1, a_2, \cdots, a_n\}$（$n \geq 1$）。若每种取值状态的可能概率是 p_i，$0 \leq p_i \leq 1$（$i=1, 2, \cdots, n$），且满足

$$\sum_{i=1}^{n} p_i = 1 \tag{7-8}$$

显然，这种取值状态的不确定性依赖于其概率 p_i，如果对于任一 a_i，$p(a_i) = 1$，那么这个状态将是唯一的，也是确定的。但是对于

任一 a_i，均有 $p\ (a_i)=\dfrac{1}{n}$，则这种情况下的不确定性是最大的。

如果每一次的状态变化都提示了与当前状态 a_i 相关的信息，则可以排除以前存在的不确定性。样本空间 A 中所有可能结果 a_i 的平均信息可以用信息熵来表示：

$$H\ (A)\ =-\sum_{i=1}^{n}p\ (a_i)\ \log_{10}p\ (a_i) \qquad (7-9)$$

上述系统的信息熵 $H\ (A)$ 具有如下三个基本性质：

①当且仅当某一个系统状态出现的概率为 1 时，有 $H\ (A)=0$；

②当所有系统状态出现的概率相同时，即系统状态出现的概率均为 $p\ (a_i)=\dfrac{1}{n}$ 时，$H\ (A)_{max}=\log_{10}(n)$。此时具有最大的不确定性；

③独立系统状态下的熵是可以相加的，表现为独立系统状态的熵的累加等于各个状态熵之和。

7.2 基于元胞自动机的软件质量属性预测方法设计

7.2.1 复杂系统可信性传递过程分析

基于可信软件及软件可信性的定义，将软件系统、软件运行环境、状态的变化及干扰组成一个开放的、复杂系统质量属性评价信息的基本单位，把熵作为衡量这个单位中各个元素的基本物理量。

下面，我们定义三个概念。

定义 7-1（干扰）：我们将软件系统运行时，由于环境影响、外部攻击、偶然事故、操作错误等可能引起系统运行状态变化的原因，统称为干扰。

定义 7-2（受干扰态）：我们将软件系统运行时，在受到干扰、系统状态即将发生变化、但尚未变化的那一个时刻所处的状态，称之为受干扰态。也就是说这个状态的质量属性评价值（κ，详细定义见第6.2节）的变化可能引起其他状态质量属性评价值的变化，这个状态我们称之为受干扰态。

定义7-3（干扰接收态）：软件系统受到干扰，系统状态从一个状态转化到另一个状态，我们称之为干扰接收态。也就是说受到系统其他状态质量属性评价值的影响而自身评价值可能发生变化的状态。

需要说明以下两点：

①干扰接收态并不是一定存在的，如当系统运行受到干扰后，系统运行状态并没有发生改变，仍然保持原来的运行状态，这时干扰接收态是不存在的，干扰对系统并没有产生影响；

②干扰接收态也不一定是唯一的，如运行中的系统受到干扰后，系统状态可能转化为多种可能的状态。

将上述三者的关系用下图7-3表示。由干扰、受干扰态、干扰接收态组成一个开放的复杂系统评估值动态变化的基本单位，将熵作为衡量上述三个元素有序程度的物理量。

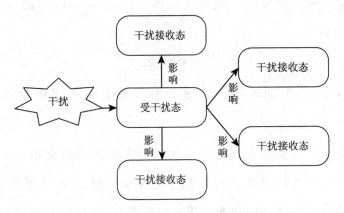

图7-3 干扰、受干扰态与干扰接收态的关系图

软件系统是在不断运行的，系统质量属性的评价值也会随着软件运行环境、系统状态的变化而发生变化。在这里，假设软件系统受干扰态的质量属性评价值的初始值为 κ_0，若受到干扰后评价值发生变化到最终不被用户所接受（信任）的整个过程变化经历了 n 个状态，设为 κ_0^1，κ_0^2，$\cdots$，κ_0^{n-1}，其中 $\kappa_0^i > 0$（$i = 1$，2，$\cdots$，$n-1$）但 $\kappa_0^n \leqslant 0$（表示第 n 个状态不能被用户所信任）。κ_0^t（$t = 1$，2，$\cdots$，n）表示 κ_0 在 t 时刻有 m 种评价值，令每种情况下的概率为 p_i（$i = 1$，2，$\cdots$，m），则

$$\kappa_0^t = \prod_{i=1}^{m} p_i^{p_i} \qquad (7-10)$$

则定义任一时刻的质量属性评价值 κ_0^t 的物理熵为

$$\begin{aligned} S_0^t &= K \sum_{i=1}^{m} p_i \ln p_i \\ &= K \ln \prod_{i=1}^{m} p_i^{p_i} \\ &= K \ln \kappa_0^t \end{aligned} \qquad (7-11)$$

S_0^t 就是衡量系统质量属性"无序程度"的量，其中，$K = 1.38066 \times 10^{-23}$ 为波尔兹曼常数，$t = 1$，2，$\cdots$，n。

同理，对干扰接收态质量属性评价值 κ_1 也有同样假设，则在 t 时刻它的熵为：

$$S_1^t = K \ln \kappa_1^t \qquad (7-12)$$

设 κ_0^0，κ_1^0 为初始状态，则初始状态下的物理熵分别为 $S_0^0 = K \ln \kappa_0^0$，$S_1^0 = K \ln \kappa_1^0$。

当软件系统受到干扰，受干扰态的内部熵增速度增大，熵值急剧增加。由系统论可知，κ_0 会向下一个变化状态 κ_1（干扰接收态）吸收负熵流，以维持原状态。干扰接收态 κ_1 提供的负熵流与它的当

前状态以及 κ_0 时刻的状态相关。

由此，构建一个连续的单调递减函数 $g\ (x,\ y)$，对 $\forall x,\ \forall y$ 有

$$\begin{cases} g\ (x,\ y)\ >0 \\ \dfrac{dg\ (x,\ y)}{dt}<0 \\ g\ (\kappa_0^0,\ \kappa_1^0)\ =0 \end{cases} \qquad (7-13)$$

设 κ_1 在 $t-1$ 时刻提供的负熵流为

$$\Delta S_1^{t-1}=-Kg\ (\kappa_0^{t-1},\ \kappa_1^{t-1}) \qquad (7-14)$$

于是在 t 时刻，κ_0 的熵值为

$$S_0^t=S_0^{t-1}+\Delta S_1^{t-1}+K\Delta S_0^{t-1} \qquad (7-15)$$

其中，$K\Delta S_0^{t-1}$ 是在 $t-1$ 时刻软件系统由于受到干扰而导致的内部熵增。

定义函数：$\phi\ (x)\ =e^{\frac{1}{K}x}$，则

$$\begin{aligned} \kappa_0^t&=\phi(S_0^t)\\ &=\phi(S_0^{t-1}+\Delta S_0^{t-1}+K\Delta S_0^{t-1})\\ &=\exp\big[\frac{1}{K}\ (K\ln\kappa_0^{t-1}-Kg\ (\kappa_0^{t-1},\ \kappa_1^{t-1})\ +K\Delta S_0^{t-1})\ \big]\\ &=\kappa_0^{t-1}\cdot\exp\ (\Delta S_0^{t-1}-g\ (\kappa_0^{t-1},\ \kappa_1^{t-1})) \end{aligned} \qquad (7-16)$$

由式（7-12）有：

$$\begin{aligned} \kappa_0^t&=\kappa_0^{t-1}\cdot\exp\ (\Delta S_0^{t-1}-g\ (\kappa_0^{t-1},\ \kappa_1^{t-1}))\\ &=\kappa_0^{t-1}\cdot\exp\ (-Kg\ (\kappa_0^{t-1},\ \kappa_1^{t-1})\ -g\ (\kappa_0^{t-1},\ \kappa_1^{t-1}))\\ &=\kappa_0^{t-1}\cdot\exp\ \big[g\ (\kappa_0^{t-1},\ \kappa_1^{t-1})\ (-K-1)\ \big] \end{aligned} \qquad (7-17)$$

于是有

$$\frac{\kappa_0^t}{\kappa_0^{t-1}} = \exp\left[\, g\left(\kappa_0^{t-1}, \kappa_1^{t-1}\right)\left(-K-1\right)\,\right] < 1 \qquad (7\text{--}18)$$

即 κ_0^t 是随着时间 t 变化的，且评估值在受到干扰后，是递减的。

由于提供负熵流，意味着自身熵值的增加，所以 κ_1 在 t 时刻的熵值

$$
\begin{aligned}
S_1^t &= S_1^{t-1} + \Delta S_1^{t-1} \\
&= S_1^{t-1} - Kg\left(\kappa_0^{t-1}, \kappa_1^{t-1}\right)
\end{aligned}
\qquad (7\text{--}19)
$$

有

$$
\begin{aligned}
\kappa_1^t &= \phi\left(S_1^t\right) \\
&= \phi\left(S_1^{t-1} - Kg\left(\kappa_0^{t-1}, \kappa_1^{t-1}\right)\right) \\
&= \exp\left[\frac{1}{K}\left(K\ln\kappa_1^{t-1} - Kg\left(\kappa_0^{t-1}, \kappa_1^{t-1}\right)\right)\right] \\
&= \kappa_1^{t-1} \cdot \exp\left(-g\left(\kappa_0^{t-1}, \kappa_1^{t-1}\right)\right)
\end{aligned}
\qquad (7\text{--}20)
$$

进而有

$$\frac{\kappa_1^t}{\kappa_1^{t-1}} = \exp\left[-g\left(\kappa_0^{t-1}, \kappa_1^{t-1}\right)\right] < 1 \qquad (7\text{--}21)$$

即 κ_1^t 也是随 t 递减的。

因此当复杂系统受到干扰，系统质量属性评价值发生变化时，下一个时刻由于向初始状态提供负熵流而导致了本身的熵值变化，使得其质量属性评价值发生变化并递减。在受到连续干扰的情况下，最终该系统质量属性的评价值在某一时刻将变得让用户不能接受，从而使得整个系统可信性显著降低。

7.2.2　方法设计

为了便于研究软件系统质量属性受到干扰时是否仍能连续提供

服务，且软件行为和结果符合用户的预期，我们可以做出如下假设：

①用户认为软件系统质量属性是可信的，即满足第 5.2 节的要求：可信软件质量属性评价值 $\kappa>0$，当且仅当软件在使用过程中能满足用户的使用需求，在受到干扰时仍能提供连续的、可信的服务。在不考虑软件体系结构、软件开发设计过程等因素的影响下，软件质量可信是软件用户主要考虑的因素；

②在一定时间段内，软件系统质量属性评价值总是满足软件用户对软件可信性的要求，即不考虑在这个时间段内系统受到干扰，软件质量属性评价值发生变化的可能；

依据上述假设，设计软件受到干扰（或持续干扰）后，其质量属性评价值变化的元胞自动机模型如下：

（1）元胞及元胞空间

以 $L \times L$ 的二维均匀网格表示某一软件系统的质量属性评价值，其中每一个格子为一个元胞，代表软件系统某一个状态，如空闲、外部设备检测、数据采集、异常处理等，是元胞自动机的基本元素。

（2）元胞状态

以某软件系统 O 为研究对象，i 表示元胞所处状态空间的纵坐标，j 表示元胞所处状态空间的横坐标，则元胞 (i, j) 在时刻 t 的状态为 $S^t(i, j)$。

（3）元胞的邻居

某软件系统 O，元胞 (i, j) 在时刻 t 的状态为 $S^t(i, j)$，其可能是由多种软件运行状态转换而来的。本文采用 Moore 型邻居，即由一个中心元胞（要演化的元胞）和 8 个位于其紧邻的元胞（支持元胞）组成。用元素 $N(i, j)$ 表示元胞 (i, j) 的邻居元素集合，则

$$N(i, j) = \{ (i-1, j-1), (i-1, j), (i-1, j+1), (i, j-1),$$
$$(i, j+1), (i+1, j-1), (i+1, j), (i+1, j+1) \}$$

（4）局部转换函数（演化规则）

记 $\kappa \in S$ 表示为

$$\kappa = (\cdots, \kappa_{-1}, \kappa_0, \kappa_1, \cdots) \tag{7-22}$$

其中 κ_0 是受干扰态的评估值。定义一个连续映射

$$f: S \to S^z \tag{7-23}$$

考虑复杂系统可信性具有延时性，所以假设受干扰态的质量属性评估值 κ_0 从遭受干扰，评估值发生变化到不被用户信任经历了 n 个时刻，即有 n 个状态，设为 κ_0^1，κ_0^2，$\cdots$，κ_0^n。其中，κ_0^t（$t = 1, 2, \cdots, n$）的意义是：假设 κ_0 在 t 时刻有 m 种质量属性评价值的可能情况，令每种情况的概率为 p_i（$i = 1, 2, \cdots, m$）且满足 $\sum_{i=1}^{m} p_i = 1$。

于是，定义受干扰态的每一个状态下的物理熵为

$$S_0^t = K \sum_{i=1}^{m} p_i \ln p_i = K \ln \prod_{i=1}^{m} p_i^{p_i} = K \ln \kappa_0^t \tag{7-24}$$

以此作为衡量软件系统质量属性评估值的量。其中，$K = 3.2983 \times 10^{-24}$ 为波尔兹曼常数，$t = 1, 2, \cdots, n$。

设 κ_0^0 为初始状态，则初始状态下的物理熵为

$$S_0^0 = K \ln \kappa_0^0 \tag{7-25}$$

于是得到从 $t = 0$ 到 $t = n+1$ 的元胞自动机序列：

$$\cdots \quad \cdots \quad \kappa_{-1}^{0} \quad \kappa_{0}^{0} \quad \kappa_{1}^{0} \quad \cdots \quad \cdots$$

$$\cdots \quad \cdots \quad \kappa_{-1}^{1} \quad \kappa_{0}^{1} \quad \kappa_{1}^{1} \quad \cdots \quad \cdots$$

$$\cdots \quad \cdots \quad \cdots \quad \cdots \quad \cdots \quad \cdots \quad \cdots$$

$$\cdots \quad \cdots \quad \kappa_{-1}^{n-1} \quad \kappa_{0}^{n-1} \quad \kappa_{1}^{n-1} \quad \cdots \quad \cdots$$

$$\cdots \quad \cdots \quad \kappa_{-1}^{n} \quad \kappa_{0}^{n} \quad \kappa_{1}^{n} \quad \cdots \quad \cdots$$

采用 Moore 型邻居，则一个中心元胞（要演化的元胞）的演化不仅由自身而且由 8 个位于其紧邻的支持元胞组成。则

$$\kappa_{i,j}^{t+1} = f\left(\kappa_{i,j}^{t}, \ \kappa_{i,j-1}^{t}, \ \kappa_{i,j+1}^{t}, \ \kappa_{i-1,j-1}^{t}, \ \kappa_{i-1,j}^{t}, \ \kappa_{i-1,j+1}^{t}, \right.$$
$$\left. \kappa_{i+1,j-1}^{t}, \ \kappa_{i+1,j}^{t}, \ \kappa_{i+1,j+1}^{t} \right) \tag{7-26}$$

综合上述分析及上式（6-26），可以得到演化规则

$$\kappa_{i,j}^{t+1} = \frac{1}{8}\kappa_{i,j}^{t} \cdot \exp\left(\Delta S_{i,j}^{t} - g\left(\kappa_{i,j}^{t}, \ \kappa_{i,j-1}^{t} \right) \right) +$$

$$\frac{1}{8}\kappa_{i,j}^{t} \cdot \exp\left(\Delta S_{i,j}^{t} - g\left(\kappa_{i,j}^{t}, \ \kappa_{i,j+1}^{t} \right) \right) +$$

$$\frac{1}{8}\kappa_{i,j}^{t} \cdot \exp\left(\Delta S_{i,j}^{t} - g\left(\kappa_{i,j}^{t}, \ \kappa_{i-1,j-1}^{t} \right) \right) +$$

$$\frac{1}{8}\kappa_{i,j}^{t} \cdot \exp\left(\Delta S_{i,j}^{t} - g\left(\kappa_{i,j}^{t}, \ \kappa_{i-1,j}^{t} \right) \right) +$$

$$\frac{1}{8}\kappa_{i,j}^{t} \cdot \exp\left(\Delta S_{i,j}^{t} - g\left(\kappa_{i,j}^{t}, \ \kappa_{i-1,j+1}^{t} \right) \right) + \tag{7-27}$$

$$\frac{1}{8}\kappa_{i,j}^{t} \cdot \exp\left(\Delta S_{i,j}^{t} - g\left(\kappa_{i,j}^{t}, \ \kappa_{i+1,j-1}^{t} \right) \right) +$$

$$\frac{1}{8}\kappa_{i,j}^{t} \cdot \exp\left(\Delta S_{i,j}^{t} - g\left(\kappa_{i,j}^{t}, \ \kappa_{i+1,j}^{t} \right) \right) +$$

$$\frac{1}{8}\tau_{i,j}^{t} \cdot \exp\left(\Delta S_{i,j}^{t} - g\left(\kappa_{i,j}^{t}, \ \kappa_{i+1,j+1}^{t} \right) \right)$$

在公式（7-27）中，我们假设任一支持元胞向中心元胞提供的负熵流的可能性是相同的，即概率为 $\frac{1}{8}$，函数 $-g\left(\kappa_{i,j}^{t}, \kappa_{i,j-1}^{t}\right)$，$-g\left(\kappa_{i,j}^{t}, \kappa_{i,j+1}^{t}\right)$，$-g\left(\kappa_{i,j}^{t}, \kappa_{i-1,j-1}^{t}\right)$，$-g\left(\kappa_{i,j}^{t}, \kappa_{i-1,j}^{t}\right)$，$-g\left(\kappa_{i,j}^{t}, \kappa_{i-1,j+1}^{t}\right)$，$-g\left(\kappa_{i,j}^{t}, \kappa_{i+1,j-1}^{t}\right)$，$-g\left(\kappa_{i,j}^{t}, \kappa_{i+1,j}^{t}\right)$，$-g\left(\kappa_{i,j}^{t}, \kappa_{i+1,j+1}^{t}\right)$ 分别为 t 时刻支持元胞向中心元胞提供的负熵流。

7.3 仿真模拟与分析

基于 Python 语言，采用周期边界条件，设计了信任传播的元胞自动机模拟仿真程序。参数取值及说明如下：

（1）元胞空间 L_2：是一个二维空间，设软件系统有 100 个运行状态，元胞活动空间为 10 行 10 列的正方形区域；若在元胞空间中，用 i 表示元胞所处状态空间的横坐标，j 表示元胞所处状态空间的纵坐标，则元胞 (i, j) 表示第 $10\times(i+j)$ 个运行状态，用 $a_{10\times(i+j)}$ 表示。

（2）元胞状态 S：集合 S 是软件质量属性评估值的集合，由此元胞状态 S 是一个离散、有限状态集。元胞 $a_{10\times(i+j)}$ 在时刻 t 的状态为 $S^{t}(i, j)$，有 $S^{t}(i, j) \in [-1, 1]$，当 $S^{t}(i, j) \in [-1, 0]$ 时，用户对 t 时刻状态 $S^{t}(i, j)$ 的质量属性评价结果不满意，不信任此状态，当 $S^{t}(i, j) \in [0, 1]$ 时，用户对此时软件质量属性评价结果满意，且随着 $S^{t}(i, j)$ 值的增大，用户对软件越信任。

（3）采用 Moore 型邻居，即一个中心元胞（要演化的元胞）和 8 个位于其紧邻的 8 个元胞（支持元胞）组成。

（4）初始状态下软件质量属性的元胞数量 S^0：采用 Python 程序随机产生一个矩阵元素值在 [-1, 1] 之间的、且数值服从正态分布的二维矩阵。参考表 6-5 的评价值（κ 值）的定义，以数值 0 为界，矩阵元素值小于 0，则软件质量属性不能让用户接受，元素值大于 0 说明用户对软件质量属性比较信任，且随着元素值的增加，信任度增大。

（5）元胞空间实行相对边界连接，即假设循环（或周边）的边界条件，实现二维空间的上下相接，左右相接，形成一个拓扑环面图。这种方法与无限空间最为接近，是一种常用的空间型边界方法。

（6）演化规则满足式（7-27）。在演化过程中，若任一时刻 t 的评价值 $\kappa_{i,j}^{t}<0$，表示软件质量属性不能让用户接受，为了保证演化的继续，此时定义 $\tau_{i,j}^{t}=0$，进入下一次迭代。

我们按照如下步骤进行软件质量属性评估值的仿真：

步骤 1：使用 Python 程序设计语言，生成一个数值在 $[-1，1]$ 之间、服从正态分布的二维随机矩阵，矩阵大小为 10×10，用来模拟软件系统的元胞的初始评价值；

步骤 2：对任一元胞外加干扰，即增加其熵值；

步骤 3：使用演化规则进行演化，计算元胞的熵值。采用 Moore 模型及循环边界条件，其熵值是由任一元胞及其 8 个邻居元胞提供负熵的"环境"分担的。

步骤 4：判断元胞的熵值，若其值小于或等于 0，则认为此元胞（状态）不能被用户所接受，令其值为 0。

步骤 5：重复上述第 3 步，直至整个元胞熵值趋于稳定状态。

具体结果及详细数据过程如下：

利用 Python 语言程序设计随机生成一个服从正态分布的、$\kappa_{i,j}^{0}$

取值是 [-1，1] 的方阵，表示软件在初始时刻的评价结果，如图 7-4 所示。

	0	1	2	3	4	5	6	7	8	9
0-	-0.64	-0.80	-0.57	0.44	0.32	-0.54	-0.92	0.90	0.60	0.69
1-	0.92	0.54	0.43	0.86	-0.57	0.76	-0.88	0.35	0.92	0.09
2-	-0.93	-0.69	0.35	-0.08	0.35	0.01	-0.79	0.15	0.94	-0.13
3-	0.38	-0.17	0.02	-0.17	0.85	0.40	0.37	0.16	-0.72	-0.74
4-	-0.48	0.02	0.73	-0.35	0.58	0.18	0.24	-0.35	0.94	-0.33
5-	-0.41	0.47	1.00	-0.80	-0.23	0.52	-0.33	0.58	-0.66	-0.40
6-	-0.33	-0.47	0.21	-0.56	0.94	0.08	0.14	-0.09	0.26	0.60
7-	0.80	0.76	-0.10	-0.76	0.86	0.24	-0.04	-1.00	-0.28	0.57
8-	0.75	-0.49	-0.47	0.63	0.23	-0.13	-0.64	-0.37	0.13	0.76
9-	0.50	0.45	0.67	0.93	-0.21	-0.73	-0.06	0.45	0.17	0.68

图 7-4　元胞自动机的初始状态

若 $\kappa_{i,j}^{0} < 0$，则令 $\kappa_{i,j}^{0} = 0$。具体数值如图 7-5 所示：

	0	1	2	3	4	5	6	7	8	9
0-	0.00	0.00	0.00	0.44	0.32	0.00	0.00	0.90	0.60	0.69
1-	0.92	0.54	0.43	0.86	0.00	0.76	0.00	0.35	0.92	0.09
2-	0.00	0.00	0.35	0.00	0.35	0.01	0.00	0.15	0.94	0.00
3-	0.38	0.00	0.02	0.00	0.85	0.40	0.37	0.16	0.00	0.00
4-	0.00	0.02	0.73	0.00	0.58	0.18	0.24	0.00	0.94	0.00
5-	0.00	0.47	1.00	0.00	0.00	0.52	0.00	0.58	0.00	0.00
6-	0.00	0.00	0.21	0.00	0.94	0.08	0.14	0.00	0.26	0.60
7-	0.80	0.76	0.00	0.00	0.86	0.24	0.00	0.00	0.00	0.57
8-	0.75	0.00	0.00	0.63	0.23	0.00	0.00	0.00	0.13	0.76
9-	0.50	0.45	0.67	0.93	0.00	0.00	0.00	0.45	0.17	0.68

图 7-5　元胞自动机修正后的初始状态

根据演化规则，$t=1$ 到 $t=12$ 的软件质量属性评价值如图 7-6~图 7-17 所示：

	0	1	2	3	4	5	6	7	8	9
0-	0.00	0.00	0.00	0.04	0.00	0.00	0.00	0.59	0.07	0.20
1-	0.75	0.32	0.15	0.62	0.00	0.67	0.00	0.00	0.46	0.00
2-	0.00	0.00	0.12	0.00	0.00	0.00	0.00	0.73	0.00
3-	0.38	0.00	0.00	0.00	0.66	0.08	0.23	0.00	0.00	0.00
4-	0.00	0.00	0.55	0.00	0.34	0.00	0.00	0.00	0.85	0.00
5-	0.00	0.23	0.82	0.00	0.00	0.25	0.00	0.38	0.00	0.00
6-	0.00	0.00	0.00	0.00	0.73	0.00	0.00	0.00	0.04	0.39
7-	0.37	0.54	0.00	0.00	0.59	0.00	0.00	0.00	0.00	0.16
8-	0.19	0.00	0.00	0.29	0.00	0.00	0.00	0.00	0.00	0.31
9-	0.08	0.21	0.37	0.64	0.00	0.00	0.00	0.23	0.00	0.23

图 7-6　元胞自动机 1 步后的状态（$t=1$）

	0	1	2	3	4	5	6	7	8	9
0-	0.00	0.00	0.00	0.00	0.00	0.00	0.00	0.44	0.00	0.00
1-	0.67	0.11	0.00	0.58	0.00	0.67	0.00	0.00	0.11	0.00
2-	0.00	0.00	0.00	0.00	0.00	0.00	0.00	0.00	0.64	0.00
3-	0.38	0.00	0.00	0.00	0.58	0.00	0.22	0.00	0.00	0.00
4-	0.00	0.00	0.32	0.00	0.12	0.00	0.00	0.00	0.77	0.00
5-	0.00	0.00	0.66	0.00	0.00	0.01	0.00	0.17	0.00	0.00
6-	0.00	0.00	0.00	0.00	0.55	0.00	0.00	0.00	0.00	0.30
7-	0.05	0.44	0.00	0.00	0.38	0.00	0.00	0.00	0.00	0.00
8-	0.00	0.00	0.00	0.00	0.00	0.00	0.00	0.00	0.00	0.14
9-	0.00	0.10	0.12	0.52	0.00	0.00	0.00	0.09	0.00	0.10

图 7-7 元胞自动机 2 步后的状态 （$t=2$）

	0	1	2	3	4	5	6	7	8	9
0-	0.00	0.00	0.00	0.00	0.00	0.00	0.00	0.44	0.00	0.00
1-	0.67	0.11	0.00	0.58	0.00	0.67	0.00	0.00	0.11	0.00
2-	0.00	0.00	0.00	0.00	0.00	0.00	0.00	0.00	0.64	0.00
3-	0.38	0.00	0.00	0.00	0.58	0.00	0.22	0.00	0.00	0.00
4-	0.00	0.00	0.32	0.00	0.12	0.00	0.00	0.00	0.77	0.00
5-	0.00	0.00	0.66	0.00	0.00	0.01	0.00	0.17	0.00	0.00
6-	0.00	0.00	0.00	0.00	0.55	0.00	0.00	0.00	0.00	0.30
7-	0.05	0.44	0.00	0.00	0.38	0.00	0.00	0.00	0.00	0.00
8-	0.00	0.00	0.00	0.00	0.00	0.00	0.00	0.00	0.00	0.14
9-	0.00	0.10	0.12	0.52	0.00	0.00	0.00	0.09	0.00	0.10

图 7-8 元胞自动机 3 步后的状态 （$t=3$）

	0	1	2	3	4	5	6	7	8	9
0-	0.00	0.00	0.00	0.00	0.00	0.00	0.00	0.42	0.00	0.00
1-	0.65	0.02	0.00	0.58	0.00	0.67	0.00	0.00	0.00	0.00
2-	0.00	0.00	0.00	0.00	0.00	0.00	0.00	0.00	0.63	0.00
3-	0.38	0.00	0.00	0.00	0.57	0.00	0.22	0.00	0.00	0.00
4-	0.00	0.00	0.23	0.00	0.05	0.00	0.00	0.00	0.75	0.00
5-	0.00	0.00	0.62	0.00	0.00	0.00	0.00	0.08	0.00	0.00
6-	0.00	0.00	0.00	0.00	0.50	0.00	0.00	0.00	0.00	0.29
7-	0.00	0.44	0.00	0.00	0.31	0.00	0.00	0.00	0.00	0.00
8-	0.00	0.00	0.00	0.00	0.00	0.00	0.00	0.00	0.00	0.12
9-	0.00	0.09	0.04	0.50	0.00	0.00	0.00	0.03	0.00	0.08

图 7-9 元胞自动机 4 步后的状态 （$t=4$）

	0	1	2	3	4	5	6	7	8	9
0-	0.00	0.00	0.00	0.00	0.00	0.00	0.00	0.41	0.00	0.00
1-	0.65	0.00	0.00	0.58	0.00	0.67	0.00	0.00	0.00	0.00
2-	0.00	0.00	0.00	0.00	0.00	0.00	0.00	0.00	0.63	0.00
3-	0.38	0.00	0.00	0.00	0.56	0.00	0.22	0.00	0.00	0.00
4-	0.00	0.00	0.16	0.00	0.00	0.00	0.00	0.00	0.74	0.00
5-	0.00	0.00	0.59	0.00	0.00	0.00	0.00	0.00	0.00	0.00
6-	0.00	0.00	0.00	0.00	0.47	0.00	0.00	0.00	0.00	0.29
7-	0.00	0.44	0.00	0.00	0.25	0.00	0.00	0.00	0.00	0.00
8-	0.00	0.00	0.00	0.00	0.00	0.00	0.00	0.00	0.00	0.11
9-	0.00	0.08	0.00	0.50	0.00	0.00	0.00	0.00	0.00	0.07

图 7-10 元胞自动机 5 步后的状态 （$t=5$）

	0	1	2	3	4	5	6	7	8	9
0-	0.00	0.00	0.00	0.00	0.00	0.00	0.00	0.41	0.00	0.00
1-	0.65	0.00	0.00	0.58	0.00	0.67	0.00	0.00	0.00	0.00
2-	0.00	0.00	0.00	0.00	0.00	0.00	0.00	0.00	0.63	0.00
3-	0.38	0.00	0.00	0.00	0.56	0.00	0.22	0.00	0.00	0.00
4-	0.00	0.00	0.08	0.00	0.00	0.00	0.00	0.00	0.74	0.00
5-	0.00	0.00	0.57	0.00	0.00	0.00	0.00	0.00	0.00	0.00
6-	0.00	0.00	0.00	0.00	0.43	0.00	0.00	0.00	0.00	0.29
7-	0.00	0.44	0.00	0.00	0.19	0.00	0.00	0.00	0.00	0.00
8-	0.00	0.00	0.00	0.00	0.00	0.00	0.00	0.00	0.00	0.10
9-	0.00	0.08	0.00	0.50	0.00	0.00	0.00	0.00	0.00	0.05

图 7-11　元胞自动机 6 步后的状态（$t=6$）

	0	1	2	3	4	5	6	7	8	9
0-	0.00	0.00	0.00	0.00	0.00	0.00	0.00	0.41	0.00	0.00
1-	0.65	0.00	0.00	0.58	0.00	0.67	0.00	0.00	0.00	0.00
2-	0.00	0.00	0.00	0.00	0.00	0.00	0.00	0.00	0.63	0.00
3-	0.38	0.00	0.00	0.00	0.56	0.00	0.22	0.00	0.00	0.00
4-	0.00	0.00	0.01	0.00	0.00	0.00	0.00	0.00	0.74	0.00
5-	0.00	0.00	0.56	0.00	0.00	0.00	0.00	0.00	0.00	0.00
6-	0.00	0.00	0.00	0.00	0.41	0.00	0.00	0.00	0.00	0.29
7-	0.00	0.44	0.00	0.00	0.13	0.00	0.00	0.00	0.00	0.00
8-	0.00	0.00	0.00	0.00	0.00	0.00	0.00	0.00	0.00	0.10
9-	0.00	0.08	0.00	0.50	0.00	0.00	0.00	0.00	0.00	0.04

图 7-12　元胞自动机 7 步后的状态（$t=7$）

	0	1	2	3	4	5	6	7	8	9
0-	0.00	0.00	0.00	0.00	0.00	0.00	0.00	0.41	0.00	0.00
1-	0.65	0.00	0.00	0.58	0.00	0.67	0.00	0.00	0.00	0.00
2-	0.00	0.00	0.00	0.00	0.00	0.00	0.00	0.00	0.63	0.00
3-	0.38	0.00	0.00	0.00	0.56	0.00	0.22	0.00	0.00	0.00
4-	0.00	0.00	0.00	0.00	0.00	0.00	0.00	0.00	0.74	0.00
5-	0.00	0.00	0.56	0.00	0.00	0.00	0.00	0.00	0.00	0.00
6-	0.00	0.00	0.00	0.00	0.39	0.00	0.00	0.00	0.00	0.29
7-	0.00	0.44	0.00	0.00	0.08	0.00	0.00	0.00	0.00	0.00
8-	0.00	0.00	0.00	0.00	0.00	0.00	0.00	0.00	0.00	0.09
9-	0.00	0.08	0.00	0.50	0.00	0.00	0.00	0.00	0.00	0.03

图 7-13　元胞自动机 8 步后的状态（$t=8$）

	0	1	2	3	4	5	6	7	8	9
0-	0.00	0.00	0.00	0.00	0.00	0.00	0.00	0.41	0.00	0.00
1-	0.65	0.00	0.00	0.58	0.00	0.67	0.00	0.00	0.00	0.00
2-	0.00	0.00	0.00	0.00	0.00	0.00	0.00	0.00	0.63	0.00
3-	0.38	0.00	0.00	0.00	0.56	0.00	0.22	0.00	0.00	0.00
4-	0.00	0.00	0.00	0.00	0.00	0.00	0.00	0.00	0.74	0.00
5-	0.00	0.00	0.56	0.00	0.00	0.00	0.00	0.00	0.00	0.00
6-	0.00	0.00	0.00	0.00	0.38	0.00	0.00	0.00	0.00	0.29
7-	0.00	0.44	0.00	0.00	0.03	0.00	0.00	0.00	0.00	0.00
8-	0.00	0.00	0.00	0.00	0.00	0.00	0.00	0.00	0.00	0.09
9-	0.00	0.08	0.00	0.50	0.00	0.00	0.00	0.00	0.00	0.01

图 7-14　元胞自动机 9 步后的状态（$t=9$）

	0	1	2	3	4	5	6	7	8	9
0-	0.00	0.00	0.00	0.00	0.00	0.00	0.00	0.41	0.00	0.00
1-	0.65	0.00	0.00	0.58	0.00	0.67	0.00	0.00	0.00	0.00
2-	0.00	0.00	0.00	0.00	0.00	0.00	0.00	0.00	0.63	0.00
3-	0.38	0.00	0.00	0.00	0.56	0.00	0.22	0.00	0.00	0.00
4-	0.00	0.00	0.00	0.00	0.00	0.00	0.00	0.00	0.74	0.00
5-	0.00	0.00	0.56	0.00	0.00	0.00	0.00	0.00	0.00	0.00
6-	0.00	0.00	0.00	0.00	0.38	0.00	0.00	0.00	0.00	0.29
7-	0.00	0.44	0.00	0.00	0.00	0.00	0.00	0.00	0.00	0.00
8-	0.00	0.00	0.00	0.00	0.00	0.00	0.00	0.00	0.00	0.09
9-	0.00	0.08	0.00	0.50	0.00	0.00	0.00	0.00	0.00	0.00

图 7-15　元胞自动机 10 步后的状态（$t=10$）

	0	1	2	3	4	5	6	7	8	9
0-	0.00	0.00	0.00	0.00	0.00	0.00	0.00	0.41	0.00	0.00
1-	0.65	0.00	0.00	0.58	0.00	0.67	0.00	0.00	0.00	0.00
2-	0.00	0.00	0.00	0.00	0.00	0.00	0.00	0.00	0.63	0.00
3-	0.38	0.00	0.00	0.00	0.56	0.00	0.22	0.00	0.00	0.00
4-	0.00	0.00	0.00	0.00	0.00	0.00	0.00	0.00	0.74	0.00
5-	0.00	0.00	0.56	0.00	0.00	0.00	0.00	0.00	0.00	0.00
6-	0.00	0.00	0.00	0.00	0.38	0.00	0.00	0.00	0.00	0.29
7-	0.00	0.44	0.00	0.00	0.00	0.00	0.00	0.00	0.00	0.00
8-	0.00	0.00	0.00	0.00	0.00	0.00	0.00	0.00	0.00	0.09
9-	0.00	0.08	0.00	0.50	0.00	0.00	0.00	0.00	0.00	0.00

图 7-16　元胞自动机 11 步后的状态（$t=11$）

	0	1	2	3	4	5	6	7	8	9
0-	0.00	0.00	0.00	0.00	0.00	0.00	0.00	0.41	0.00	0.00
1-	0.65	0.00	0.00	0.58	0.00	0.67	0.00	0.00	0.00	0.00
2-	0.00	0.00	0.00	0.00	0.00	0.00	0.00	0.00	0.63	0.00
3-	0.38	0.00	0.00	0.00	0.56	0.00	0.22	0.00	0.00	0.00
4-	0.00	0.00	0.00	0.00	0.00	0.00	0.00	0.00	0.74	0.00
5-	0.00	0.00	0.56	0.00	0.00	0.00	0.00	0.00	0.00	0.00
6-	0.00	0.00	0.00	0.00	0.38	0.00	0.00	0.00	0.00	0.29
7-	0.00	0.44	0.00	0.00	0.00	0.00	0.00	0.00	0.00	0.00
8-	0.00	0.00	0.00	0.00	0.00	0.00	0.00	0.00	0.00	0.09
9-	0.00	0.08	0.00	0.50	0.00	0.00	0.00	0.00	0.00	0.00

图 7-17　元胞自动机 12 步后的状态（$t=12$）

为了更直观的观察任一元胞 $a_{10 \times (i+j)}$（$i=0$，1，…，9；$j=0$，1，…，9）的状态变化，我们仿真模拟了各个状态 50 次演化的结果，生成图 7-18~图 7-27。

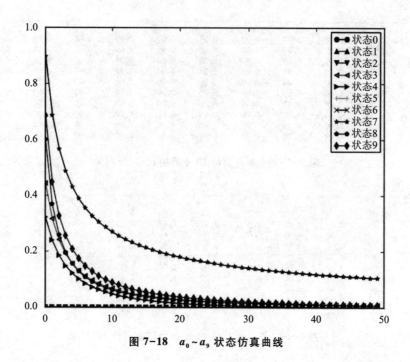

图 7-18 $a_0 \sim a_9$ 状态仿真曲线

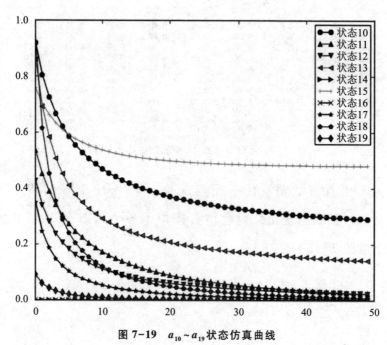

图 7-19 $a_{10} \sim a_{19}$ 状态仿真曲线

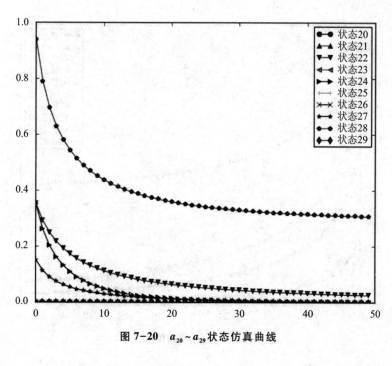

图 7-20 $a_{20} \sim a_{29}$ 状态仿真曲线

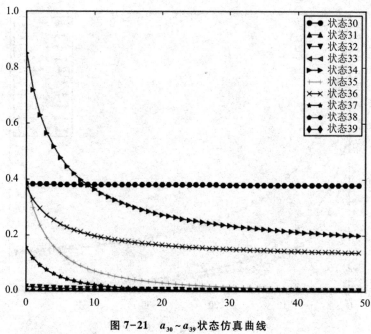

图 7-21 $a_{30} \sim a_{39}$ 状态仿真曲线

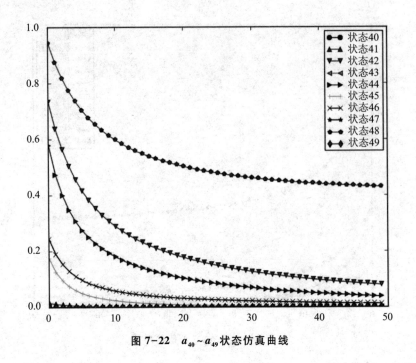

图 7-22 $a_{40} \sim a_{49}$ 状态仿真曲线

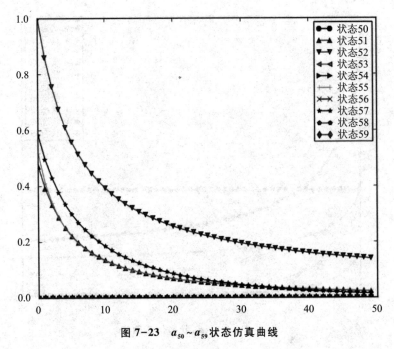

图 7-23 $a_{50} \sim a_{59}$ 状态仿真曲线

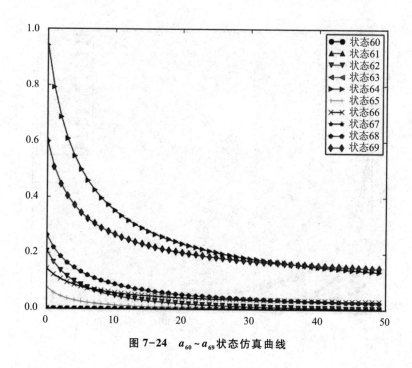

图 7-24　$a_{60} \sim a_{69}$ 状态仿真曲线

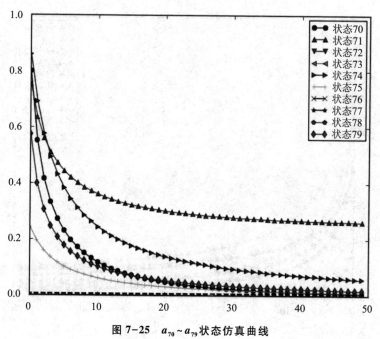

图 7-25　$a_{70} \sim a_{79}$ 状态仿真曲线

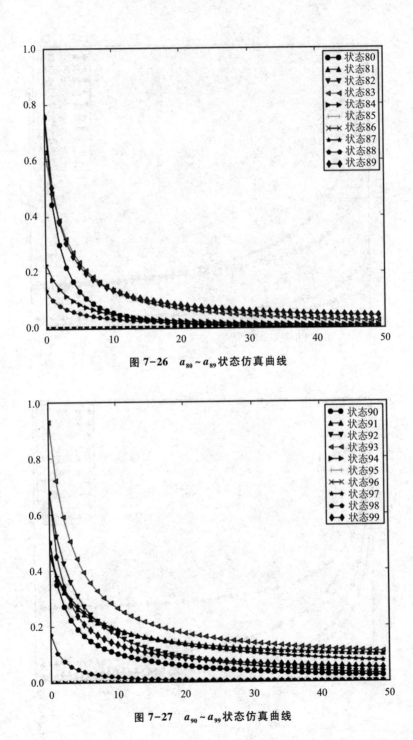

图 7-26 $a_{80} \sim a_{89}$ 状态仿真曲线

图 7-27 $a_{90} \sim a_{99}$ 状态仿真曲线

通过上述模拟仿真及其结果分析，可以得知：

（1）在软件系统初始状态质量属性评价值为随机自动生成的情况下，对于 Moore 型邻居，经过元胞自动机的演化规则，大约需要 10 次演化，各状态的质量属性评价值趋于稳定，这一点通过上图 7-18~图 7-27 可以得到证明：在图 7-18~图 7-27 中，随着演化次数的增加，各个状态的评估值逐步减小，在第 10 步后逐渐收敛到一个固定的评价值。这反映出软件系统在受到干扰时，如果软件运行状态发生变化，干扰对软件质量属性的评价值产生了消极的影响，使系统各个状态的质量属性评价值降低，并陆续出现了用户不信任的软件状态。

（2）对于整个系统而言，最终系统状态的质量属性评估值趋于稳定，经过多次干扰后，元胞状态 a_7，a_{10}，a_{13}，a_{15}，a_{28}，a_{30}，a_{34}，a_{36}，a_{48}，a_{52}，a_{64}，a_{69}，a_{89}，a_{91}，a_{93} 的质量属性评估值大于零，即被用户信任的状态。但这些被用户信任的状态只占整个系统状态总数的 $\frac{15}{100} = 15\%$，这是一个比较低的比例，而且这 15 个状态很有可能是类似中断、系统输入输出停止这样的"自我保护状态"，由此也可知，系统在受到干扰的情况下，其行为和结果在一段时间内可能符合用户的期望，但是持续的干扰，使系统某些状态的质量属性评价结果不能被用户信任或接受，从而使系统最终以不可信的面貌展示在用户面前。

7.4 本章小结

本章借助于在系统工程领域占有重要地位的自组织理论与耗散

理论，研究了在动态、变化的环境下，当软件运行状态发生变化时，软件质量属性评价值的变化过程。

复杂系统是一个由连续状态组成的、开放的系统，在运行中，由于各种干扰导致系统状态发生变化。系统工程理论认为软件运行状态的变化存在着能量和物质的交换，这是系统间状态转换的基本。熵可以实现这种交换的量化。根据热力学第二定律，熵的增加，表示系统自身无序程度的增加，为了维持原有状态，系统原状态会向邻近的状态吸收负熵流，如果这些负熵不足以应对系统自身的熵增，系统原运行状态就会发生变化。系统运行状态的改变必然引起系统质量属性评价值的变化。

软件系统质量属性评价值的变化是系统受到干扰、状态发生变化的结果，具有复杂性、开放性、层次性、非线性的特点，完全满足元胞自动机的模拟条件。应用 Moore 型二维元胞自动机理论，将系统某一运行状态的质量属性评价值定义为基点，而其他状态评价值看作支持元胞，这样，软件系统状态与其相邻的八个邻居元胞就组成一个基本单元。借助于信息熵的相关理论与方法，构建了基于元胞自动机的可信软件质量属性评价方法。并通过计算机仿真模拟实验，结果表明：对于一个复杂系统而言，在受到持续干扰的情况下，系统质量属性评价值逐步下降，并最终趋近稳定，最后系统只有少数几个状态是被用户信任的。由此可知，干扰，尤其是持续性的干扰，对系统的影响是巨大的，最终可能导致整个系统变得不可信。

第八章　总结与展望

8.1　研究总结

本书的研究来源于国家自然科学基金委重大研究计划（No. 90818014，No. 71221061），是中国博士后科学基金面上资助项目（No. 2015M582357）、湖南省哲学社会科学基金项目（No. 14JD22）的阶段性研究成果。本书基于用户需求的视角，对可信软件质量属性评价理论与方法展开研究。其研究主要包括以下四大方面的内容：

（1）介绍了本书的选题背景及意义、主要研究内容、研究方法及思路。其次，对可信软件、质量属性进行了界定并阐述了可信软件及质量属性的国内外研究现状，研究了软件质量模型、软件质量度量的发展、分类及其过程。这些都为后续的研究提供了理论基础；

（2）确定了以用户需求为导向的可信软件质量属性评价指标体系的生成方法。通过用户需求的表达、本体生成，提取用户对于软件质量属性的要求；并根据质量属性对软件可信性的影响程度、用户需求的不同，将质量属性分成关键属性和非关键属性；并以此为基础设计、实现软件质量属性证据模型、质量评价模型从而生成评价指标体系，克服了传统指标体系的生成范式，为可信软件质量属性的管理提供了帮助，使用户需求与软件设计要求保持一致，大大提高了可信软件质量属性管理的动态化、智能化，为软件管理的科学决策提供了支持，丰富了可信软件质量管理理论与实践。

（3）可信软件质量属性的评价，应该考虑怎样表述那些定性的质量属性，使之具有可比性？怎样将那些定性的质量属性评估结果定量化？怎样消除评估者在评估过程中的风险性、主观性及其对评价结果的影响？怎样动态仿真模拟软件运行状态的变化及这种变化对软件质量属性评价值的影响？在软件系统受到干扰的情况下软件质量属性评估值的变化等问题。本研究采用间接与直接、静态与动态相结合的分析方法对可信软件质量属性进行了全方位的评价，具体体现在：

①通过分析构件中质量属性间的相互关系及设计结构矩阵的相关知识，确定质量属性的相对重要性，将定性问题定量化，使之具有可比性。这是一种软件质量属性间接评价的模型，并通过相关方法建立了基于用户需求和软件设计者一致性评价的可信软件质量属性评价方法。

②采用前景理论与模糊多属性决策方法相结合，消除评估者的主观性及不确定性，通过与正、负两个参考方案的比较，确定可信软件质量属性评估值，从而使评估结果更加准确可靠，这是一种直接的，但是相对静态的评估方法。这种方法结合了评估指标的正、负参考点对评价结果的影响，并考虑了评估者的有限理性，使评价结果更加客观、真实。

③考虑软件系统在受到干扰的环境下，软件运行状态的变化是空间、时间及状态上离散的，且与上一个运行状态相关。同时，可

以认为各个状态之间的转换存在着能量的变化，采用了元胞自动机及信息熵相结合的方法，对软件在不同运行状态下，软件质量属性评价值的变化进行了仿真模拟，从而使得评价结果更加真实可信，这是一种动态的评估方法。

（4）坚持以用户需求为中心，对可信软件质量属性进行深入的理论分析与方法构建，并通过实例验证了其可行性与有效性，缩短了理论到实践的距离，有利于推动可信软件质量属性的研究与发展，进而推动我国可信软件产业的发展。

8.2 研究不足

尽管本书以可信软件质量属性的评价模型研究为主要目的已经达到，但是还存在一些不足之处有待进一步改进和提高。具体表现在以下两个方面：

（1）对可信软件质量属性的间接度量，是建立在假设可信软件是基于构件的多层体系结构的基础之上的，不能适应其他软件体系结构。当然，现今绝大部分的程序开发都采用了这种基于构件的多层体系结构开发方法；

（2）由于缺乏具体的可信软件质量属性各个状态的评价值，本书采用 Python 程序自动生成的、满足正态分布、评价值在［-1，1］之间的随机值，虽然这是仿真模拟常用的方法，但可能与实际中质量属性的评价值存在偏差，如果有时间来继续本课题的研究，可以继续探讨软件质量属性测试数据的生成方法，如遗传算法、粒子群优化算法及两者的结合，使评价数据更加接近现实。

参考文献

［1］刘克，单志广，王戟，何积丰，等．可信软件基础研究重大研究计划综述［J］．中国科学基金，2008（3）：145-151.

［2］Jones C．，Gray G．，Gold A．，et al．．Strategies for improving system development project success［J］．*Issues in Information Systems*，2010；1：164-173.

［3］Selding P．B．Faulty software caused Ariane 5 failure［J］．*Space News*，1996，25（7）：24-30.

［4］Leveson N．G，Tumer C S．An investigation of the Therac-25 accident［J］．*IEEE Computer*，1993，26（7）：18-41.

［5］Leveson N．G，Software．System Safety and Computers［M］．Addison Wesley，1995.

［6］黄锡滋．软件可靠性、安全性与质量保证［M］．北京：电子工业出版社，2002.

［7］朱鸿，金凌紫．软件质量保障与测试［M］．北京：科学出版社，1997.

［8］［英］瑞得米尔，［英］德尔，郑人杰，等．计算机应用系统的可信性实践［M］．北京：清华大学出版社，2003.

［9］ G. Helmer, J. Wong, M. Slagell. , et al. . A Software fault tree approach to requirements analysis ［J］. *Requirements Engineering*, 2002 (7): 207-220.

［10］ 朱名勋，可信软件非功能需求获取与分析研究 ［D］. 长沙：中南大学，2012.

［11］ Steffen Becker, Wilheml Hasselbring, Marko Boskovic, et al. . Trustworthy software system: a discussion of basic concepts and terminology ［J］. *ACM SIGSOFT Software Engineering Notes*, 2006, 31 (6): 1-18.

［12］ 国家自然科学基金重大研究计划，http: //www. nsfc. gov. cn/nsfc/fj/20070919_ fj01. Doc.

［13］ Booch, G 等. 面向对象分析与设计（第 4 版）［M］. 王海鹏，潘加宇译. 人民邮电出版社，2013 年。

［14］ Michael W. Focke. James E. Knoke. Paul A. Barbieri. et al. TRUSTED COMPUTER SYSTEM, US AMERICAN: 7103914B2 ［P］, 2005-06-01.

［15］ Rein Turn. Trusted computer systems ［M］.//RAND Corporation: Reports and Bookstore, 1981: 2798-2811, http: //www. rand. org/pubs/reports/R2811. html.

［16］ Liu Qiu, Yin Zhang, Feng Wang. Trusted Computer System Evaluation Criteria (TCSEC) ［M］. US: National Computer Security Center, 1985: 22-49.

［17］ ISO/IEC 15408-1-2005. Information Technology-Security Techniques Evaluation Criteria for IT Security, Part 1: Introduction and General Model, 2005.

［18］Laprie J C. Dependability: Basic concepts and terminology ［M］. Vienna: Springer- Verlag, 1991.

［19］Algirdas Avizienis, Jean-claude Laprie, Brian Randell. Fundamental concepts of computer system dependability ［J］. IARP/IEEE-RAS Workshop on Robot Dependability: Technological, Challenge of Dependable Robots in Human Environments, 2001, 2 (5): 1-16.

［20］Algirdas A., Laprie J. C., Brian R. et al.. Basic concepts and taxonomy of dependable and secure ［J］. *Computing. IEEE Trans. Dependable Secure*, 2004, 1 (1): 11-33.

［21］NSTC. Research Challenges in High Confidence Systems. In: Proceedings of the Committee on Computing Information and Communications Workshop, 1997.

［22］陈火旺，王戟，董威. 高可信软件工程技术 ［J］. 电子学报，2003, 31 (12A): 2-7.

［23］David L. Parnas, A. JohnVan Schouwen, Shu Po Kwan. Evaluation of safety-critical software ［J］. Communications of the ACM, 1990, 3 (6): 636-648.

［24］F. B. Sehneider. Trust in Cyberspace ［M］. USA, Washington, DC: National Academy Press, 1999: 24-36, 56-72.

［25］WilhelmHasselbring, Ralf Reussner. Toward trustworthy software systems ［J］. IEEE Computer, 2006, 39 (4): 91-92.

［26］王怀民，尹刚. 网络时代的软件可信演化 ［J］. 中国计算机学会通讯，2010, 6 (2): 28-36.

［27］Trustie 课题组，Trustie 系列技术规范（VZ. O），http: //

www. trustie. net, 2009. 9.

［28］郎波，刘旭东，王怀民等. 一种软件可信分级模型［J］. 计算机科学与探索，2010，4（3）：231-239.

［29］Guerra PAD, Rubira CMF, de Lemos, R.. A fault-tolerant software architecture for component-based systems［J］. *Lecture Notes in Computer Science*, 2003, 2677: 129-149.

［30］Barry Boehm, Victor R. Basili. Software defect reduction top 10 list［J］. *Computer*, 2001, 1: 135-137.

［31］Reznik, J. , Ritter, T. , Schreiner, R. , Lang, U. Model driven development of security aspects［J］. *Electronic Notes in Theoretical Computer Science*, 2007, 163（1）: 65-79.

［32］战德臣，冯锦丹，聂兰顺，等. 基于分层递增验证的可信管理软件构造方法［J］. 哈尔滨工业大学学报，2012，44（5）：75-80.

［33］ZHENG ZhiMing, MA ShiLong, LI Wei, et al.. Dynamical characteristics of software trustworthiness and t heir evolutionary complexity［J］. *Science in China Series F: Information Sciences*, 2009, 52（8）: 1328-1334.

［34］ZHENG ZhiMing, MA ShiLong, LI Wei, et al.. Complexity of software trustworthiness and its dynamical statistical analysis methods［J］. *Science in China Series F: Information Sciences*, 2009, 52（9）: 1651-1657.

［35］JeffreyVoas. Trusted Software's Holy Grail［J］. *Software Quality Journal*, 2003, 11（1）: 9-17.

［36］李珍，田俊峰，赵鹏远．基于分级属性的软件监控点可信行为模型［J］．电子与信息学报，2012，34（6）：1446-1451.

［37］Barry Boehm, Software risk management ［J］. *Lecture Notes in Computer Science*, 1989, 387: 1-19.

［38］LiGuo Huang. A value-based process for achieving software dependability ［C］. International Software Process Workshop. UNIFYING THE SOFTWARE PROCESS SPECTRUM. 2005: 108-121.

［39］Jianping Li, Minglu Li, Dengsheng Wu, et al.. An integrated risk measurement and optimization model for trustworthy software process management ［J］. *Information Sciences*, 2012, 19: 47-60.

［40］W. Hasselbring. On defining computer science terminology ［J］. *Communication of the ACM*, 1999, 42 (2): 88-91.

［41］Chung L, B. A. Nixon, E. Yu, et al. Non-functional requirements in Software Engineering ［M］. Kluwer Academic Publishers, 2000.

［42］Chung L, J. do Prado Leite. On non-functional requirements in software engineering, conceptual modeling: foundations and applications ［J］. *Lecture Notes in Computer Science*, 2009, 5600: 363-379.

［43］Chung L., Nixon B. A., Yu E., et al.. Non-functional requirements in software engineering. Springer ［M］. Norwell, MA: Kluwer Academic Publishers. 1999.

［44］Tonu S. Incorporating non-functional requirements with UML models ［M］. Unpublished M. A. Sc. dissertation, University of Waterloo, Ontario, Canada. 2006.

［45］萨默维尔．软件工程［M］程成等译．北京：机械工业出

版社, 2011.

[46] Zheng Q, Jiankuan Xing, Xiang Zheng. Software Architecture [M]. 杭州: 浙江大学出版社, 2008.

[47] Joe Zou A E Christopher J. Pavlovski. Control case approach to record and model non-functional requirements [J]. *Information Systems and E-Business Management*, 2008, 6: 49-67.

[48] Agustin Casamayor, Daniela Godoy, Marcelo Campo. Identification of non-functional requirements in textual specifications: A semi-supervised learning approach [J]. *Information and Software Technology*, 2010, 52 (4): 436-445.

[49] Kassab M., O. Ormandjieva, et al.. Non-functional requirements size measurement method (NFSM) with COSMIC-FFP [J]. *Software Process and Product Measurement*, 2008, 4895: 168-182.

[50] Nelson S. Rosa, George R. R. Justo, Paulo R. F. Cunha. Incorporating non-functional requirements into software architectures [J]. *Parallel and Distributed Processing, Lecture Notes in Computer Science*, 2000, 1800: 1009-1018.

[51] CarloGhezzi, Amir Molzam Sharifloo. Model-based verification of quantitative non-functional properties for software product lines [J]. *Information and Software Technology*, 2012, 17 (7): 258-275.

[52] Lars Grunske, Aldeida Aleti. Quality optimisation of software architectures and design specifications [J]. *Journal of Systems and Software*, 2013, 6.

[53] Yoji Akao, Glenn H. Mazur, Ann Arbor. The leading edge in

QFD: past, present and future [J]. *International Journal of Quality & Reliability Management*, 2003, 20 (1): 20-35.

[54] Chang Che – Wei, Wu Cheng – Ru, Lin Hung – Lung. Integrating fuzzy theory and hierarchy concepts to evaluate software quality [J]. *Software Quality Journal*, 2008, 16 (2): 263-276.

[55] Frank Liu, Kunio Noguchi, Anuj Dhungana, et al.. A quantitative approach for setting technical targets based on impact analysis in software quality function deployment (SQFD) [J]. *Software Quality Journal*, 2006, 14 (2): 113-134.

[56] Miroslaw Staron, Ludwik Kuzniarz, Claes Wohlin. Empirical assessment of using stereotypes to improve comprehension of UML models: A set of experiments [J]. *Journal of Systems and Software*, 2006, 79 (5): 727-742.

[57] Miroslaw Staron, Wilhelm Meding, Christer Nilsson. A framework for developing measurement systems and its industrial evaluation [J]. *Information and Software Technology*, 2009, 51 (4): 721-737.

[58] Haigh, Maria. Software quality, non – functional software requirements and IT – business alignment [J]. *Software Quality Journal*, 2010, 18 (3): 361-385.

[59] Ceyda Güngör Şen, Hayri Baraçlı. Fuzzy quality function deployment based methodology for acquiring enterprise software selection requirements [J]. *Expert Systems with Applications*, 2010, 37 (4): 3415-3426.

[60] Meyerhofer, M., K. Meyer – Wegener. Estimating non – func-

tional properties of component-based software based on resource consumption [J]. *Electronic Notes in Theoretical Computer Science*, 2005, 114: 25-45.

[61] Zeynep Sener. E, Ertugrul Karsak. A fuzzy regression and optimization approach for setting target levels in software quality function deployment [J]. *Software Quality Journal*, 2010, 18 (3): 323-339.

[62] Shuai Ding, Shan-Lin Yang, Chao Fu. A novel evidential reasoning based method for software trustworthiness evaluation under the uncertain and unreliable environment [J]. *Expert Systems with Applications*, 2012, 39: 2700-2709.

[63] 熊伟, 渡边喜道, 新藤久和. 用 HOQ 拓展概念的软件描述及其定量结构化方法 [J]. 软件学报, 2005, 16 (1): 8-15.

[64] 熊伟, 王娟丽, 蔡铭. 基于 QFD 技术的软件可信性评估研究 [J]. 计算机应用研究, 2010, 27 (8): 2991-2994.

[65] 熊伟, 新藤久和, 渡边喜道. 软件需求定量分析及其映射的模糊层次分析法 [J]. 软件学报, 2005, 16 (3): 427-433.

[66] 邓韬, 徐培德, 凌云翔等. 基于模糊回归分析方法的 C3I 系统效能评估研究 [J]. 计算机仿真, 2005, 22 (15): 35-37.

[67] 袁正刚, 黄志军, 朱继梅. 基于 PCA 的软件质量度量模型 [J]. 舰船电子工程, 2005, 25 (6): 23-29.

[68] Liao Jin-shun, He Pei. Method of software quality evaluation based on fuzzy neural network [J]. *Computer Technology and Development*, 2006, 16 (2): 194-196.

[69] Tony Rosqvist, Mika Koskela, Hannu Harju. Software quality

evaluation based on expert judgement [J]. *Software Quality Journal*, 2003, 11 (1): 39-55.

[70] Kevin K. F. Y., Henry C. W. L. A fuzzy group analytical hierarchy process approach for software quality assurance management: Fuzzy logarithmic least squares method [J]. *Expert System with Applications*, 2011, 38 (8): 10292-10302.

[71] Kirti Tyagi, Arun Sharma. A rule-based approach for estimating the reliability of component-based systems [J]. *Advances in Engineering Software*, 2012, 54, 24-29.

[72] Benhai Yu, Qing Wang, Ye Yang. The Trustworthiness Metric Model of Software Process Quality Based-on Life Circle [C]. Management and Service Science, 2009. International Conference on MASS′09, 1-5.

[73] McCall, J. A., Richards, P. K., and Walters, G. F., Factors in Software Quality [J], *Nat' l Tech. Information Service*, 1977, 1-3.

[74] Marciniak, J. J.. Encyclopedia of software engineering [S]. Chichester: Wiley, 2002. 2nd.

[75] Kitchenham, B., Pfleeger, S. L., Software quality: the elusive target [J]. *IEEE Software*, 1996: 12-21.

[76] J McCall, P Richards, G Walters. Factors in Software Quality. [R]. Technical Report CDRL A003, US Rome Air Development Centre, 1977, 1.

[77] B. W. Boehm, J. R. Brown, M. Lipow. Quantitative evaluation of software quality [C]. Proceedings of the 2nd international confer-

ence on Software engineering, San Francisco, California, United States, 1976: 592-605.

[78] Grady, R. B. , Practical software metrics for project management and process improvement [M]. USA: Prentice Hall, 1992: 88-105.

[79] Dromey, R. G.. Concerning the Chimera software quality [J]. *IEEE Software*, 1996, 1: 33-43.

[80] Dromey, R. G.. A model for software product quality [J]. *IEEE Transactions on Software Engineering*, 1995, 2: 146-163.

[81] 中华人民共和国国家质量监督检验检疫总局, 中国国家标准化管理委员会, GB/T 16260. 1-2006/ISO/IEC 9126-1: 2001. 软件工程-产品质量, 第 1 部分: 质量模型 [S]. 中国标准出版社, 2006: 7.

[82] Pressman R. S. , 软件工程——实践者的研究方法 [M]. 北京: 机械工业出版社, 1999: 56-67, 109-118.

[83] E. R. Baker, M. J. Fisher. Basic principles and concepts for achieving quality [M/OL]. Process Strategies Inc. and U. S. Department of Defense, 2007. http: // www. dtic. mil/cgi-bin/GetTRDoc? AD = ADA479804.

[84] ISO 8402: Quality management and quality assurance-Vocabulary, 1994.

[85] 余为峰, 黄松. 软件质量度量分析与研究 [J]. 电脑知识与技术, 2010, 6 (18): 5106-5108.

[86] Boehm Brown B W, Kaspar H. Characteristics of software

quality. TRW serious of software technology Vol. 1 ［M］. New York: North-Holland, 1978.

［87］ Fentonne E. , Pfleeger S. L. , 软件度量 ［M］. 第二版. 北京: 机械工业出版社, 2004.

［88］ Halstead M. H.. Elements of Software Science (Operating and programming system series) ［M］. USA : Elsevier Science Inc. , 1977.

［89］ McCabe, T. Jo. A complexity measure ［J］. *IEEE Transactions on Software Engineering*, 1976, 10 (2): 308-320.

［90］ 梅宏, 谢涛, 袁望洪, 等. 青鸟构件库的构件度量 ［J］. 软件学报, 2000 (11): 634-641.

［91］ Minkiewicz A F. Measuring object oriented software with predictive object point ［J］. *PRICE Systems*, 1997: 221-234.

［92］ Vector D, Daily K.. Software estimation at the task level-the specter approach, Project Control: Satisfying the Customer ［C］. Proceedings of ESCOM-SCOPE, 2001.

［93］ Washizaki H. , Yamamoto, H. , Fukazawa Y.. A metrics suite for measuring reusability of software components ［C］. Proceedings ninth international software metrics symposium, 2003: 211-223.

［94］ Hastings T. E, Sajeev A. A vector-based approach to software size measurement and effort estimation ［J］. *IEEE Transactions on Software Engineering*, 2001, 4: 337-350.

［95］ Gyimothy T. , Ferenc R. , Siket I. , Empirical validation of object-oriented metrics on open source software for fault prediction ［J］. *IEEE Transactions on Software Engineering*, 2005, 31 (10): 897-910.

［96］Chidamber S. R. , C. F. Kemerer. A metrics suite for object-oriented design ［J］. *IEEE Trans. Software Engineering*, 1994, 20（6）: 476-493.

［97］Brito e Abreu, F. , Melo, W. Evaluating the impact of object-oriented design on software quality ［C］. Proceedings of the 3rd International Symposium on Software Metrics: From Measurement to Empirical Results, Berlin, Germany, 1996, 90-99.

［98］卢刚，王怀民，毛晓光. 基于认知的软件可信评估证据模型［J］. 南京大学学报（自然科学版），2010, 46（4）: 456-462.

［99］Saaty T L. Analytic Hierarchy Process ［D］. NewYork: McGraw-Hill, 1980, 20-21.

［100］Baker E, Fisher M. Software Quality Program Organization ［D］. Handbook of Software Quality Assurance: Prentice Hall, 1999, 115-140.

［101］熊鹏程，范玉顺. 基于模糊层次分析法的集成软件质量评估模型［J］. 计算机应用，2006, 26（7）: 1497-1499.

［102］陶红伟. 基于属性的软件可信性度量模型研究［D］. 上海: 华东师范大学，2011.

［103］杨善林，丁帅，褚伟. 一种基于效用和证据理论的可信软件评估方法［J］. 计算机研究与发展，2009, 46（7）: 1152-1159.

［104］蔡斯博，邹艳珍，邵凌霜，等. 一种支持软件资源可信评估的框架［J］. 软件学报，2010, 21（2）: 359-372.

［105］郑志明，马世龙，李未，等. 软件可信性动力学特征及其演化复杂性［J］. 中国科学，2009, 39（9）: 946-950.

［106］郑志明，马世龙，李未等．软件可信复杂性及其动力学统计分析方法［J］．中国科学，2009，39（10）：1050-054．

［107］Ben Haiyu, Qing Wang, Ye Yang. Research on a software trustworthy measure model［C］. In: Proceedings of 2010 Second International Conference on Networks Security, Wireless Communications and Trusted Computing, 2010: 518-521.

［108］Liang Chen, Ping Cheng, Wei Liu. The model and method of trustworthiness level evaluation for software product［C］. In: Proceedings of 2010 Sixth International Conference on Natural Computation（ICNC2010）, 2010: 709-715.

［109］Li Shi, Shanlin Yang. The evaluation of software trustworthiness with FAHP and FTOPSIS methods［C］. In: Proceeding of International Conference on Computational Intelligence and Software Engineering, 2009: 1-4.

［110］Tie Bao, Shufen Liu, Lu Han. Research on ananalysis method for software trustworthiness based on rules［C］. In: Proceedings of the 2010 14th International Conference on Computer Supported Cooperative Work Design, 2010: 43-47.

［111］Hong Hou, QinBao Song, Jing Yang, et al. The research of BPM software trustworthy evaluation model（based on AHP and group decision-making in linguistic scale）［C］. In: Proceedings of 2009 First International Workshop on Education Technology and Computer Science, 2009: 816-823.

［112］Ben Wang, Xingshe Zhou, Gang Yang, Yalei Yang. DS

Theory-Based Software Trustworthiness Classification Assessment [C]. In: Proceedings of 2010 Symposia and Workshops on Ubiquitous, Automatic and Trusted Computing, 2010: 434-438.

[113] Xia Zhenghong, Pan Wenjun. Research on thetrustworthiness of software [C]. In: Proceeding of 2010 2nd International Conference on Information Science an Engineering (ICISE), 2010: 1-4.

[114] Yuyu Yuan, Qiang Han. Data mining based measurement method for software trustworthiness [C]. In: Proceedings of 2010 International Symposium on Intelligence Information Processing and Trusted Computing, 2010: 293-296.

[115] 王怀民,唐扬斌,尹刚等,互联网软件的可信机理. 中国科学 [J], 2006, 36 (10): 1156-1169.

[116] 汤永新,刘增良. 软件可信性度量模型研究进展. 计算机工程与应用 [J], 2010, 46 (27): 12-16.

[117] R. J. Ellison, D. A. Fiseher, R. C. Linger, et al. Survivable network systems: an emerging discipline [R]. Camegle Mellon University, Software Engineering Institute, Technical Report CMU/SEI-97-TR-013, 1997, 11.

[118] Ellison Robert J., Fisher David A., Linger Richard C. et al. Survivability: Protecting your critical systems [J]. IEEE Internet Computing, 1999, 3 (6): 55-63.

[119] Ming-xun Zhu, LUO Xin-xing, Chen Xiao-hong, et al. A non-functional requirements tradeoff model in Trustworthy Software, Information Science, 2012, 19 (5): 61-75.

［120］文杏梓，罗新星. 考虑一致性评判的可信软件非功能需求决策模型［J］. 系统管理学报，2013，22（6）：861-868.

［121］Wenxingzi, Luo Xingxin, Ouyang Junlin. A novel evaluation model for non-functional requirements in trustworthy software［J］. Journal of Information & Computational Science, 2013, 10（11）: 3561- 3577.

［122］Hongwei Tao, Yixiang Chen. A new metric model for trustworthiness of software［J］. *Telecommunication system*. 2012, 51（2-3）: 95-105.

［123］Hongwei Tao, Yixiang Chen. Another metric model for trustworthiness of software based on partition［J］. *Advances in Intelligent and Soft Computing*, 2010, 82: 695-705.

［124］SNahmias. . Fuzzy variables［J］. *Fuzzy Sets and Systems*, 1978, 1: 97-110.

［125］文杏梓，罗新星，欧阳军林. 基于决策者信任度的风险型混合多属性群决策方法［J］. 控制与决策，2014.

［126］Gülçin Büyüközkan, Gizem Çifçi. A new incomplete preference relations based approach to quality function deployment［J］. *Information Science*, 2012, 206: 30-41.

［127］毛晓光，邓勇进，基于构件软件的可靠性通用模型［J］. 软件学报，2004，15（1）：27-32.

［128］王丹，张帆，张志鸿. 基于构件的多层体系结构的研究与应用［J］. 计算机工程与设计，2010，31（6）：1255-1259.

［129］梅宏，陈锋，冯耀东，等. ABC：基于软件体系结构、面向构件的软件开发方法［J］. 软件学报，2003，14（4）：721-732.

[130] Yang N, Yu H. Q, Qian Z. L. Modeling and quantitatively predicting software security based on stochastic Petri nets [J]. *Mathematical and Computer Modelling*, 2012, 55: 102–212.

[131] Roman G. C. A taxonomy of current issues in requirements engineering [J]. *IEEE Computer*, 1985, 18 (4): 14–23.

[132] D. V. Steward. The design structure system: a method for managing the design of complex system [J]. *IEEE Trans. on Engineering Management*, 1981, 8: 71–74.

[133] Tyson R, . Applying the design structure matrix to system decomposition and integration problem: a review and new directions [J]. *IEEE Transactions on Engineering Management*, 2001, 48 (3): 292–306.

[134] MDanilovic, TR Browning. Managing complex product development projects with design structure matrices and domain mapping matrices [J]. *International Journal of Project Management*, 2007, 25 (3): 300–314.

[135] Dunbing Tang, Renmiao Zhu, Jicheng Tang, Ronghua Xu, Rui He. Product design knowledge management based on design structure matrix [J]. *Advanced Engineering Informatics*, 2010, 24 (2): 159–166.

[136] Yun Fu, Minqiang Li, Fuzan Chen. Impact propagation and risk assessment of requirement changes for software development projects based on design structure matrix [J]. *International Journal of Project Management*, 2012, 30 (3): 363–373.

[137] Mark S. Avnet, Annalisa L. Weigel. An application of the

design structure matrix to integrated concurrent engineering [J]. *Acta Astronautica*, 2010, 66 (5-6): 937-949.

[138] Xiaoguang Deng, GregHuet, Suo Tan, et al.. Product decomposition using design structure matrix for intellectual property protection in supply chain outsourcing [J]. *Computers in Industry*, 2012, 63 (6): 632-641.

[139] 程平, 刘伟, 陈艳. 基于矩阵变换的软件可信性演化波及效应 [J]. 系统工程理论与实践, 2010, 30 (5): 778-785.

[140] 程平, 刘伟. 基于结构分解的软件可信性变化传播模式研究 [J]. 科技管理研究, 2010, 5: 170-173.

[141] 文杏梓, 罗新星. 基于设计结构矩阵的可信软件非功能需求评价模型研究 [J]. 计算机应用研究, 2012, 29 (10): 3787-3790.

[142] Atanassov KT. Intuitionistic fuzzy sets [J]. *Fuzzy Sets and Systems*, 1986, 20 (1): 87-96.

[143] Atanassov KT. Two theorems for intuitionistic fuzzy sets [J]. *Fuzzy Sets and Systems*, 2000, 110 (2): 267-269.

[144] 毕林. 数字采矿软件平台关键技术研究 [D]. 长沙: 中南大学, 2010.

[145] 李德、王李管. 我国数字采矿软件研究开发现状与发展 [J]. 金属矿山, 2010 (12): 107-112.

[146] Kahneman D, Tversky A. Prospect theory: an analysis of decision under risk [J]. *Econometrica*: *Journal of the Econometric Society*, 1979, 47 (2): 263-291.

[147] Wu G, Gonzalez R. Curvature of the probability weighting

function ［J］. *Management Science*, 1996, 42 （12）: 1676-1690.

［148］赵树宽，刘战礼，迟远英. 基于前景理论的不确定条件下的风险决策和企业管理 ［J］. 科学学与科学技术管理，2010, 03: 157-161.

［149］Vicky Henderson. Prospect theory, liquidation, and the disposition effect ［J］. *Management Science*, 2012, 58 （2）: 445-460.

［150］Bromiley, P. Looking at prospect theory ［J］. *Strategic Management Journal*, 2010, 31: 1357-1370.

［151］Gomes F. J. Portfolio choice and trading volume with loss-averse investor ［J］. *Journal of Financial Economics*, 2005, 78: 311-339.

［152］Berkelaar A, Kouwenberg R, . From boom' til bust: How loss aversion affect asset price ［J］. *Journal of Banking and Finance*, 2009, 33: 1005-1013.

［153］Short, J. C. , Palmer, T. B. . Organizational performance referents: An empirical examination of their content and influences ［J］. Organizational Behavior and Human Decision Processes, 2003, 90: 209-224.

［154］Wong, K. F. E. , Kwong, J. Y. Y. . Between-individual comparisons in performance evaluation: A perspective from prospect theory ［J］. *Journal of Applied Psychology*, 2005, 90: 284-294.

［155］Wong, K. F. E. , Kwong, J. Y. Y. . Comparing two tiny giants or two huge dwarfs? Preference reversals owing to number size framing ［J］. *Organizational Behavior and Human Decision Processes*, 2005, 98: 54-65.

［156］Holmes R. M, Bromiley. P, Devers. C. E, etc. . Management theory applications of prospect theory: accomplishments, challenges, and opportunities [J]. *Journal of Management*, 2011, 37 (4): 1069-1107.

[157] 刘培德. 一种基于前景理论的不确定语言变量风险型多属性决策方法 [J]. 控制与决策, 2011, 26 (6): 893-897.

[158] 王坚强. 信息不完全的 Fuzzy 群体多准则决策的规划方法 [J]. 系统工程与电子技术, 2004, 26 (11): 1604-1605.

[159] Z-p Fan, Y. Liu. A method for group decision-making based on multi-granularity uncertain linguistic information [J]. *Expert systems with Applications*, 2010, 37: 4000-4008.

[160] Tversky A, Kahneman D. Advanees in prospect theory: cumulative representation of uncertainty [J]. *Tversky A, Kahneman D*, 1992, 5 (4): 297-323.

[161] Briand L. C. , Melo W. L. and Wust J. Assessing the Applicability of Fault-Proneness Models across Object-Oriented Software Projects [J]. *IEEE Transactions on Software Engineering*, 2002, 28 (7): 706-720.

[162] T. M. Khoshgoftaar, E. B. Allen, K. S. Kalaichelvan and N. Goel. Early quality prediction: a case study in telecommunications [J]. *IEEE Software*, 1996, 13 (1): 65-71.

[163] Zhengping Ren, Song Huang, Yi Yao et al. . Confidence Measures Analysis of Software Security Evaluation [J]. *Procedia Engineering*, 2011, 15: 3505-3510.

[164] Kanmani S. , Uthariaraj V. R. , Sankaranarayanan V. Ob-

ject-oriented software fault prediction using neural networks [J]. *Information and Software Technology*, 2007, 49 (5): 483-492.

[165] Elish K. O., Elish M. O. Predicting defect-prone software modules using support vector machines [J]. *Journal of Systems and Software*, 2008, 81 (5): 649-660.

[166] 黄鹏. 基于广义半监督学习方法的软件质量预测研究 [D]. 上海: 上海交通大学, 2010.

[167] NianhuaYang, HuiqunYu, ZhilinQian, et al.. Modeling and quantitatively predicting software security based on stochastic Petri nets [J]. *Mathematical and Computer Modelling*, 2012, 55: 102-112.

[168] Peng Liang, Anton Jansen, ParisAvgeriou. et al.. Advanced quality prediction model for software architectural knowledge sharing [J]. *The Journal of Systems and Software*, 2011, 84: 786-802.

[169] Von Neumann J. V.. Theory of self-Reproducing automata [M]. Urbana: University of Illinois Press, 1966: 66-109.

[170] Wolfram S. Statistical mechanics of cellular automata [J]. *Rev Modern Phys*, 1983, 55 (3): 601-612 .

[171] 荣盘祥. 复杂系统脆性理论及其理论框架的研究 [D]. 黑龙江: 哈尔滨工程大学, 2006.

[172] 李才伟. 元胞自动机及复杂系统的时空演化模拟 [D]. 武汉: 华中理工大学, 1997.

[173] Wolf D. E.. Celluala automata for traffic simulations [J]. *Physica A*, 1999, 263 (1-4): 438-451.

[174] Fuentes M. A.. Kuperman M N. Cellular automata and epi-

demiological models with spatial dependence [J]. Physica A, 1999, 367 (3): 471-486.

[175] Bhargava S C, et al.. A stochastic cellular model of innovation diffusion [J]. *Technological Forecasting and Social Change*, 1993, 44 (1): 87-97.

[176] Moldovan S, Goldenberg J.. Cellular automata modeling of resistance to innovation: effects and solutions [J]. *Technological Forecasting & Social Change*, 2004, 71 (5): 425-442.

[177] 陈荣, 顾斌. 元胞自动机在经验型连带外部效用市场模拟中的应用 [J]. 科研管理, 2001, 22 (6): 128-134.

[178] 应尚军, 等. 基于元胞自动机的股票市场复杂性研究-投资者心理与市场行为 [J]. 系统工程理论与实践, 2003, 23 (12): 18-24.

[179] 张廷, 宜慧玉, 高宝俊. 寡头垄断市场广告投放效果的元胞自动机仿真 [J]. 系统工程学报, 2008, 23 (6): 309-315.

[180] 高建, 董秀成. 基于元胞自动机的石油企业技术创新竞争演化研究 [J]. 科技进步与对策, 2008, 25 (12): 141-143.

[181] 张廷, 高宝俊, 宜慧玉. 创新扩散中广告投放效果的元胞自动机仿真 [J]. 科技进步与对策, 2009, 26 (1): 134-137.

[182] 寇勇刚, 吴桐水, 柳青. 基于元胞自动机的民航运输产业竞争演化模拟 [J]. 系统工程理论与实践, 2011, 31 (9): 1071-1076.

[183] 寇勇刚, 吴桐水, 朱金福. 航空服务创新的元胞自动机竞争演化模拟 [J]. 系统工程理论与实践, 2011, 31 (6): 1680-1686.

［184］邢修三．物理熵、信息熵及其演化方程［J］．中国科学（A辑）．2001，31（1）：77-84．

［185］布里渊．物理熵与信息（Ⅱ）．系统论控制论信息论经典文献选编［M］．北京：求实出版社，1989：649-664．

［186］格雷，熵与信息论（影印版）［M］．北京：科技出版社，2012：45-56．